AGUSTÍN ESMARO GUEVARA RUIZ

GENERACIÓN DE ENERGÍA ELÉCTRICA POR EFECTO GRAVITATORIO

AGUSTÍN ESMARO GUEVARA RUIZ

GENERACIÓN DE ENERGÍA ELÉCTRICA POR EFECTO GRAVITATORIO

Ejemplo de aplicación de la ciencia: Un estudio experimental patentado

Editorial Académica Española

Imprint

Cover image: www.ingimage.com

Publisher:
Editorial Académica Española
is a trademark of
Dodo Books Indian Ocean Ltd. and OmniScriptum S.R.L publishing group

120 High Road, East Finchley, London, N2 9ED, United Kingdom
Str. Armeneasca 28/1, office 1, Chisinau MD-2012, Republic of Moldova, Europe
Printed at: see last page
ISBN: 978-613-9-43793-1

Referencia bibliográfica

Guevara, A. (2020). *La teleología de los experimentos científicos: el caso de la caída libre de los cuerpos*. [Tesis de pregrado, Universidad Nacional Mayor de San Marcos, Facultad de Letras y Ciencias Humanas, Escuela Profesional de Filosofía]. Repositorio institucional Cybertesis UNMSM.

ÍNDICE DE CONTENIDO

Pág.

RESUMEN

La presente investigación de tesis tuvo como objetivo demostrar que el experimento de la caída libre de los cuerpos es susceptible de cambiar de finalidad. Con esta investigación demostramos que el experimento de la caída libre de los cuerpos puede repetirse, pero con objetivos diferentes a aquéllos que motivaron a Galileo Galilei a realizar un experimento utilizando el plano inclinado.

La hipótesis que guió nuestra investigación fue: El experimento de la caída libre de los cuerpos es susceptible de cambiar de finalidad. Para confirmar esta hipótesis, fue necesario inventar un prototipo tecnológico que funciona en el momento en que un cuerpo que está suspendido cae con dirección al centro de la Tierra; en el caso de los procesos experimentales que han permitido confirmar nuestra hipótesis, el cuerpo a ser atraído, ha sido la masa del agua contenida en uno o más recipientes.

Después de haber confrontado las teorías con los resultados de los procesos experimentales, la hipótesis quedó confirmada, tal y como lo expresa la principal conclusión del experimento: Al utilizar una faja como medio de transmisión de la energía potencial gravitatoria, con un caudal de 10, 757 L/min, con una altura de 8,56m, logremos obtener 11, 56 voltios DC.

Los resultados de la presente investigación han hecho posible el otorgamiento de una patente —por parte del Indecopi— a la Universidad Nacional Mayor de San Marcos.

INTRODUCCIÓN

El presente informe de investigación de tesis ofrece un contenido conceptual abstraído de dos vertientes del conocimiento humano bien diferenciadas: de un lado, esta investigación presenta contenidos puramente teóricos basados en fuentes que nos proporcionan datos descriptivos y teóricos, básicamente. La otra vertiente académica está basada en datos originales tomados de procesos científico-experimentales y de la elaboración de un sistema mecánico como elemento material necesario para la obtención de los datos, sobre todo, cuantitativos, obtenidos a partir de los diversos pasos y procesos experimentales.

Como apertura a la investigación, teóricamente, hacemos referencia histórica y temática al aporte que Galileo Galilei hiciera para con la ciencia y, con ello, para con la humanidad. Del aporte intelectual del científico italiano, hemos tomado algunos contenidos, los cuales están relacionados con algunos parámetros del proceso científico-experimental en el que se apoyó Galileo para obtener los datos necesarios para la elaboración de la ley de la caída libre de los cuerpos.

Nuestra investigación se basa en haber repetido —de alguna manera— el experimento acerca de la caída de los cuerpos utilizando, para ello, medios técnicos tales como una faja, poleas, ejes y recipientes principalmente.

En cuanto se refiere a la invención del sistema tecnológico, éste se diseñó, de tal manera que cuando un objeto caiga con dirección al centro de gravedad de la Tierra, genere una propulsión mecánica; en este caso los objetos a caer fueron los diversos recipientes que están adheridos estratégicamente a la faja propulsora, como veremos más adelante.

En tal sentido, el objetivo que busquemos alcanzar al culminar la presente investigación de tesis, consistió en demostrar que un experimento científico es susceptible de cambiar de finalidad. En efecto, el experimento que tomemos en cuenta para ejemplificar el objetivo planteado fue el de la caída libre de los cuerpos. Después de haber realizado varias repeticiones del experimento, nuestro objetivo de investigación se concretizó, puesto que utilicemos la masa del agua contenida en recipientes como cuerpos sujetos a la atracción terrestre, y dichos recipientes al estar adheridos a la faja, al caer siguiendo una dirección vertical, generaron una determinada propulsión y, con ello, fue posible la generación de energía eléctrica (Ver figura N° 2)

En el aspecto científico, indicamos el rol que cumplió la fuerza de gravedad terrestre en su condición de constante, en concordancia con las variables independientes (volumen y altura). Cabe precisar que no busquemos datos cuantitativos derivados de los diversos pasos y procesos científico-experimentales para encontrar la ley científica que explicara el fenómeno de la caída de los cuerpos, como sí lo hizo Galileo Galilei, sino que, en nuestro caso, busquemos que, siguiendo la constante de la gravedad y algunas variables intervinientes en el experimento galileano, pudiéramos obtener un producto de utilidad práctica que beneficie a la sociedad: energía eléctrica.

En lo concerniente a la mecánica, Galileo Galilei se sirvió, sobre todo, de instrumentos tales como el plano inclinado y esferas; de hecho, el objetivo del padre de la ciencia moderna fue encontrar la ley que explicara el fenómeno de la caída libre de los cuerpos. De nuestra parte, la finalidad fue diferente, como diferentes fueron los instrumentos mecánicos utilizados; esto es: nuestro objetivo experimental fue el de encontrar la forma de producir energía eléctrica; para ello no nos apoyamos en el plano inclinado y esferas, sino en una faja, poleas y recipientes, principalmente; tal y como lo detallamos en el capítulo IV.

Tanto en el aspecto científico, así como en el tecnológico, se tomó en cuenta a la fórmula que describe a la fuerza de gravedad terrestre, en su calidad de constante.

Con algunas mejoras técnicas respecto a los primeros diseños de los prototipos, el sistema mecánico inventado, en su diseño final, fue presentado ante el Indecopi para seguir un proceso evaluativo y administrativo hasta lograr la obtención de la patente; la misma que se nos ha sido otorgada, por parte del Indecopi, el 05 noviembre de 2020.

Con la finalidad de exponer los pasos, métodos y conclusiones de esta investigación de una manera más detallada posibles, es que la presente investigación de tesis la hemos dividido esquemáticamente en cuatro capítulos, a saber:

En la parte inicial del primer capítulo presentamos una breve referencia histórica de la interacción entre seres humanos y el fenómeno de la atracción terrestre. En otro punto de este mismo capítulo planteamos un análisis sobre el rol que cumple o debería cumplir la filosofía, en su condición de disciplina totalizadora, frente a los retos y problemas que en la actualidad enfrenta la especie humana, particularmente, los problemas derivados del cambio climático. En este capítulo también argumentamos el motivo de haber elaborado una tesis que se apoya en datos originales derivados de una serie de procesos experimentales propios, conducidos por alguien que se formó académicamente en una escuela académico profesional que, tradicionalmente está desligada del quehacer científico experimental. Al finalizar este capítulo presentamos el objetivo general de la investigación y la respectiva hipótesis.

Entretanto, en el capítulo II, exponemos el carácter complementario que existe entre la ciencia y la tecnología, por lo que damos credibilidad a los especialistas quienes sostienen que la tecnología es una aplicación de la ciencia, tomando como un ejemplo ilustrativo a las centrales hidroeléctricas, que son sistemas electromecánicos, que, para poder funcionar, necesitan del conocimiento científico y tecnológico, y que cuyo producto es la electricidad, la misma que es un producto de suma importancia para el progreso y bienestar de las distintas sociedades en el mundo actual. Y, dado que los conocimientos se transmiten mediante un lenguaje, en este capítulo también abordamos el tema referido al tipo de lenguaje mediante el cual la tecnología comunica los conocimientos referidos a ésta.

Capítulo III. En este apartado, presentamos los aportes científicos más relevantes del propio Galileo Galilei, se trata, pues, de su producción científica que da sustento epistemológico a la ley de la caída libre de los cuerpos.

Finalmente, en el capítulo IV, abordamos los temas concernientes a nuestros procesos experimentales, tanto en el aspecto científico, así como en el aspecto tecnológico. Aquí presentamos las principales conclusiones de nuestro experimento; siendo la principal, la siguiente: Logramos producir energía eléctrica con los siguientes parámetros y variables: Al utilizar una faja como medio de transmisión de la energía potencial gravitatoria, con un caudal de 10, 757 L/min, a una altura de 8,56 m, hemos logrado obtener 11, 56 voltios DC.

CAPÍTULO I

ASPECTOS HISTÓRICOS Y EPISTEMOLÓGICOS

1.1 Sumilla

Objetivo general de la investigación de tesis: Demostrar que el experimento de la caída libre de los cuerpos es susceptible de cambiar de finalidad.

Hipótesis: El experimento de la caída libre de los cuerpos es susceptible de cambiar de finalidad.

Análisis y contenido: Una de las tareas académicas necesarias para comprender el origen, evolución y desarrollo de tal o cual disciplina del saber humano, es precisamente, conocer su devenir histórico. En el caso de la formación académica en filosofía, entendida como una carrera académico-profesional, a lo largo del proceso formativo, en más de una asignatura se imparten contenidos temáticos relacionados con la historia de la ciencia, la técnica y la tecnología; además de ello, en el proceso académico-formativo se han impartido cursos que nos han permitido elaborar juicios valorativos en torno a la ciencia y la tecnología, nos referimos específicamente, a los cursos relacionados con la epistemología.

Basándonos en los conocimientos adquiridos durante la formación académica en filosofía, hemos creído conveniente desarrollar una investigación en la que se explique y aplique uno de los experimentos científicos desarrollado por Galileo Galilei: la caída libre de los cuerpos.

Ahora bien, si hacemos un breve análisis del contexto social y académico en el que Galileo desarrolló sus diferentes actividades científicas, respecto a la caída libre de los cuerpos, encontramos que —entre otros objetivos— él perseguía un objetivo: encontrar la verdad sobre el fenómeno de la caída de los cuerpos. Luego de desarrollar un riguroso proceso científico experimental, logró dar una explicación satisfactoria, puesto que se trataba de una explicación científica, que se hizo siguiendo un método científico-experimental, cuyos resultados los presentó expresados en lenguaje matemático, nos referimos, específicamente, a la ley conocida en el ámbito científico y académico, como la ley de la caída libre de los cuerpos, la misma que en su estructura algebraica incluye a la fuerza de gravedad terrestre como una constante.

Han pasado siglos, desde que el referido investigador italiano diera una explicación científica a un fenómeno físico propio del planeta en que vivimos; sin embargo, pese al pasar de los siglos, en la actualidad, el valor cuantitativo de la ley de la caída libre de los cuerpos, expresada en términos matemáticos, se viene aplicando en diferentes áreas del saber humano, especialmente en el sector de la tecnología.

Al respecto, en la presente investigación de tesis explicamos el proceso experimental de una aplicación adicional a las aplicaciones ya existentes hasta ahora; para concretizar la aplicación, metódicamente optamos por aplicar los métodos y principios del experimento de la caída libre de los cuerpos con la finalidad de obtener, como principal resultado, la generación de energía eléctrica, en cuyo proceso fue necesario servirse de la caída de ciertos volúmenes de agua contenidos en recipientes de tamaño y forma estratégicos.

Después de haber realizado el experimento apoyados en los principios de la ley de la caída libre de los cuerpos, obtuvimos el resultado esperado: se logró generar energía eléctrica mediante la utilización de un sistema mecánico, el mismo que, en el proceso de su funcionamiento incluye a la ley de la caída libre de los cuerpos, como una constante.

Al realizar las diferentes mediciones y procesamiento de los datos recogidos del proceso experimental, cuantitativamente, se observó una ventaja diferencial del experimento objeto de esta investigación, respecto a los otros procesos de obtención de energía eléctrica a partir de la utilización de la energía potencial gravitatoria del agua, ya que en el experimento no utilizamos la fuerza obtenida de la presión hidráulica, sino específicamente, optamos por aprovechar la fuerza de gravedad terrestre, puesto que ésta atrae a todos los cuerpos localizados en la superficie terrestre o próximos a ella, siendo uno de dichos cuerpos la masa del agua.

Para poder aprovechar la fuerza de gravedad terrestre con la mayor eficacia posible, fue necesaria la invención de un sistema, sobre todo, de carácter mecánico; con dicho invento, se logró aprovechar la gravedad terrestre utilizando la masa del agua y la altura como variables independientes en el proceso científico-experimental.

Los resultados obtenidos del experimento han permitido confirmar la hipótesis de la investigación experimental, es decir, demostramos, que, mediante ciertos procesos metódicos, sí es posible generar energía eléctrica, tomando como una constante a la ley de la caída libre de los cuerpos. El hecho de haber confirmado la hipótesis significa, pues, haber alcanzado un importante logro, a nivel técnico, tecnológico y científico.

Desde una perspectiva propiamente filosófica, el hecho de haber tomado fuentes cognitivas ligadas a la filosofía para desarrollar una investigación como la que venimos de describir, permite demostrar que la filosofía cuenta con los medios e instrumentos académicos suficientes como para contribuir con parte de la solución de ciertos problemas que se nos presentan en las actuales circunstancias científicas, sociales y académicas; en lo particular, con parte de la solución, de uno de los problemas de carácter universal: la carencia de energía, la cual está relacionada con los tipos de fuentes de obtención de dicha energía, pues sabido es que muchas veces, las fuentes y procesos de obtención de energía, no son los más adecuados, desde el punto de vista ecológico, ya que en muchos casos propician la contaminación ambiental, pues, el uso de esas fuentes, generalmente se convierten en agentes causales del aumento de la temperatura en la superficie terrestre.

Finalmente, creemos que es pertinente enfatizar que, un trabajo académico como el que venimos explicando, es, de alguna manera, una continuación de la tarea de carácter científico-filosófica que un día, iniciara el primer filósofo de la humanidad: Tales de Mileto en la antigua Grecia, quien demostró, experimentalmente, ciertas características y propiedades del fenómeno físico que posibilita la acción a distancia, dicha demostración se basó en la observación de la atracción de pequeñas partículas, luego que el filósofo griego realizara una frotación de objetos que reunían características y propiedades particulares (ámbar). Lo que realizó el referido filósofo, a nuestro parecer, fue el primer experimento sobre fenómenos relacionados con la electricidad y el electromagnetismo; es más, "es de la palabra 'electrón' (ámbar: amarillo, en griego) que se ha formado nuestra palabra 'electricidad'" (García, 1957, p. 14)

1.2 Motivación

La geografía peruana, por su naturaleza misma, presenta características muy divergentes, tal divergencia de características puede ser establecida desde diferentes puntos de vista; por ejemplo, el territorio peruano tiene desde nevados hasta desiertos; presenta bosques en la Costa, en la Sierra y en la Selva, pero éstos difieren mucho entre sí. Otro indicador de la divergencia geográfica lo constituye el hecho de que la llanura costera y la llanura amazónica, se encuentren separadas por la Cordillera de los Andes.

Si consideramos la división del territorio peruano en Costa, Sierra y Selva, encontramos que en diferentes espacios y en diferentes tiempos, existieron civilizaciones que se desarrollaron gracias a que supieron enfrentar las adversidades naturales que ofrecían las áreas en las que se asentaron dichas civilizaciones; pero que, a su vez, supieron aprovechar las ventajas que ofrecían los lugares en los que se asentaron esos diversos grupos sociales.

La Arqueología, en su condición de ciencia que estudia los vestigios de las diversas manifestaciones culturales del pasado, ha demostrado que, en estas tres regiones del Perú, hubo presencia de culturas preincas e incas, culturas a las cuales, convencionalmente se les denomina culturas prehispánicas. Sin embargo, es importante aclarar que, si bien estas culturas dispusieron de un tipo de conocimiento que les permitió su preservación en el tiempo y el espacio, dicho conocimiento no reunió las condiciones y características necesarias para ser calificado como un conocimiento científico o tecnológico. Entonces, siguiendo el criterio establecido por muchos historiadores, arqueólogos, filósofos, epistemólogos, entre otros especialistas, diremos que el conocimiento que poseían las culturas prehispánicas fue un conocimiento técnico o precientífico. Precisamente los vestigios de las manifestaciones culturales del pasado proporcionan pruebas tangibles de este tipo de conocimiento.

Cabe acotar que, una de las características de la ciencia es su artificialidad y su grado de abstracción, características que no las encontramos en los vestigios arqueológicos legados por las culturas prehispánicas.

En este punto es pertinente precisar que cuando el ser humano ha tenido límites en sus capacidades que por naturaleza las posee, apoyándose, en la técnica, en la tecnología o en la ciencia, ha buscado y —en algunos casos— ha logrado "prolongar" sus capacidades que ha poseído naturalmente; así, por ejemplo, como muestra de una combinación de técnica y matemática práctica, para no olvidar un elevado número de elementos, el ser humano se apoyaba en objetos que en conjunto representaban una determinada cifra, entonces, al volverlo a contar en el momento que era necesario, aunque hubiese pasado el tiempo y la cifra hubiese sido elevada, el individuo volvía recuperar el dato numérico sin mayores dificultades; en este caso, estaba prolongando una de sus capacidades naturales destinada a almacenar datos: su memoria. Esto es un ejemplo de artificialidad precientífica que, seguramente fue practicada por las diferentes civilizaciones en el mundo antiguo.

Ya en la modernidad, por citar dos ejemplos ilustrativos, encontramos al telescopio y al microscopio como instrumentos que posibilitan una prolongación de la capacidad natural humana para poder ver.

La escritura alfabética, fue y es, sin duda, una forma de prolongar la memoria del ser humano, y es en la que se muestra con más evidencia la artificialidad humana a lo largo del proceso de la evolución de la especie *Homo sapiens sapiens*. La escritura, en su condición de memoria artificial, no sólo almacenó datos referidos a los conocimientos matemáticos, sino también almacenó datos expresados gramaticalmente, que incluye las explicaciones, las descripciones, las definiciones, etc.

Este tipo de escritura, en su conjunto, permitió conformar una especie de "mega memoria", y es que, incluso en la actualidad hacemos uso de ciertos datos almacenados en soportes físicos que fueron plasmados mediante la escritura, desde hace miles de años atrás. Y, hoy, cada día, la mente humana sigue acumulando una infinidad de datos en soportes físicos y digitales, mediante la escritura, en todas partes del mundo, datos a los cuales las memorias humanas del futuro tendrán acceso sin mayores esfuerzos, y ese evento se repetirá cada vez que lo estimen conveniente los individuos humanos de la posterioridad.

La escritura, además de ser entendida como una memoria artificial, también es un medio artificial de transmisión de conocimiento ya que fue y es mediante la escritura que se comunicaron y se comunican los conocimientos, particularmente, los conocimientos derivados de los trabajos científicos, sobre todo los resultados de un proceso de investigación.

Este tipo de memoria artificial no fue la receptora del conocimiento que disponían las culturas prehispánicas, por lo tanto, el conocimiento prehispánico no avanzó más allá del conocimiento técnico, a nivel práctico, y de explicaciones míticas de algunos fenómenos naturales, a nivel abstracto.

Pero es pertinente resaltar que la carencia de la escritura alfabética no fue óbice para que el *Homo sapiens sapiens* perteneciente a las sociedades prehispánicas, desarrollara portentosas obras que, inclusive, en la actualidad son objeto de estudio de la ciencia, en muchos casos.

Como en diferentes espacios y tiempos prehistóricos e históricos, en el mundo, la fuerza de gravedad terrestre también fue un fenómeno natural con el cual interactuaron los hombres de las culturas prehispánicas; alguna de las evidencias que dan sustento a lo que venimos de afirmar las encontramos, por ejemplo, en la construcción de puentes, construcción de grandes fortalezas, construcción de numerosos andenes, canales hidráulicos, caminos, etc.; en todas esas obras que no las construyeron 'de la noche a la mañana', los humanos de esta parte del mundo y de este período del tiempo, seguramente, unas veces tenían a la gravedad como un factor adverso a sus intereses, pero, otras veces, lo tenían como un factor favorable a sus objetivos prácticos.

A efectos de que nuestras afirmaciones apenas vertidas sean confrontadas con hechos, más precisamente con hechos de índole histórico, hemos decidido verificar *in situ* una de las grandes y portentosas obras de alta "ingeniería hidráulica" desarrollada en parte de nuestro suelo peruano y en tiempos preincas; nos estamos refiriendo al asombroso canal de Cumbemayo, ubicado en el departamento de Cajamarca.

En efecto, Cumbemayo es una zona arqueológica que se encuentra ubicada a unos 19 km al suroeste de la ciudad peruana de Cajamarca, sobre una altitud de aproximadamente 3.500 msnm [1].

[1] El Parque Arqueológico y Área Intangible, reconocidos por la Ley 24047, se ubican en una meseta de pastizales sin árboles, entre frailones de colinas talladas por la erosión del viento. Como una serpiente de piedra, el canal Cumbemayo nace en la cumbre de la divisoria del Pacífico y el Atlántico, y sigue un camino a veces recto, como queriendo clavarse en las nubes, y a veces zigzagueante. Cortando la roca viva, y calentándose con los rayos solares, lleva el agua cristalina por nueve kilómetros hasta las tierras de cultivo. No se conoce su origen, pero

Foto N° 1: *Canal Cumbemayo, trayecto en zig zag con petroglifos.*

Fuente: *Elaboración propia.*

---

todo indica que hace más de tres mil quinientos años, aún sin tener cerámica, fue escenario de complejos ritos de invocación, los mismos que la antropología andina no puede decodificar todavía. Sus originales trazos no tendrían otra motivación. No de otra manera se pueden explicar los miles de horas invertidas en tallar 853 metros de roca viva para trasladar un litro de agua por segundo. Bien pudo ser construido de otra manera. Si en realidad hubiera sido hecho con un sentido utilitario, es decir, para el riego, pudo haber tenido mayores dimensiones, pero las iniciales, en la roca viva, de 0,35 a 0,50 m de ancho por 0,10 a 0,30 m de profundidad solo obedecerían a un objetivo: ser parte de un escenario para la magia del rito. Si a esto agregamos que cada cierto tramo aparecen llamativos petroglifos que, como escrituras de quién sabe qué oraciones olvidadas, señalaban el proceso, debemos concluir que tal fue la razón de su construcción. No sabemos cómo los hombres de Cumbemayo se comunicaban con sus dioses, o con el Dios del Agua en particular, pero el estudio de la geometría y símbolos de sus petroglifos resulta apasionante y sorprendente. Dos milímetros de pendiente por cada metro de longitud es suficiente para comprobar el dominio de la agronomía que poseyeron nuestros antecesores (Deza, 2012, pp. 13 - 14).

Foto N° 2: *Canal Cumbemayo, trayecto en línea recta bajo un puente.*

Fuente: *Elaboración propia.*

Foto N° 3: *Canal Cumbemayo, trayecto en línea recta.*

Fuente: *Elaboración propia.*

Foto N° 4: *Canal Cumbemayo, trayecto en zig zag, tallado en la roca.*

Fuente: *Ancajima (2013, p. 06)*

Acerca de este tipo de vestigios ligados a la hidráulica prehispánica en nuestro país, se han hecho diferentes estudios como el del antropólogo y físico John Earls, quien menciona que:

> La irrigación inca de la sierra hizo uso extensivo de los flujos supercríticos en los canales [...], la irrigación de las tierras altas fue básicamente para control de riesgos, mientras que en los lugares más secos cercanos a la costa no podría haber habido ninguna agricultura sin irrigación (2006, p. 119)

Para prevenir desastres que pudo haber causado el escurrimiento de aguas que descendían atraídas por la atracción de la fuerza de gravedad terrestre, los pobladores prehispánicos construyeron canales: estaban luchando frente a la gravedad; en cambio, al utilizar las aguas que llegaban a los valles costeros atraídas por la fuerza de gravedad, estaban aprovechando la fuerza de atracción terrestre para un beneficio colectivo, por ende, social.

El solo hecho de haber construido un canal de regadío en una pendiente, por el que discurre agua desde una parte alta hasta una parte baja, nos permite entender que en dicho proceso estaban presentes tres elementos naturales: la fuerza de gravedad terrestre, una altura y el volumen del agua, y como elemento producido por la mente humana estaba el conocimiento práctico reflejado en la construcción de algún tipo de canal.

Con la llegada de los españoles, llegó una gran gama de expresiones propias de la cultura europea, tanto a nivel técnico, tecnológico y científico. Entre las novedades provenientes del meollo de la cultura europea, que tuvieron un significativo impacto en las culturas ancestrales del Tahuantinsuyo, fueron, a nuestro parecer, la religión, el idioma español, la moneda, la escritura y la rueda.

Hay una serie de ejemplos de carácter técnico y tecnológico que confirman que parte del conocimiento europeo encontró, en territorio peruano, medios materiales adecuados en los que se pudo aplicar y materializar; así, un claro ejemplo de la referida aplicación lo constituyeron los molinos diseñados para moler granos y cereales que funcionaban con la fuerza que producía el agua al caer.

En este tipo de aplicación del conocimiento europeo en territorio del continente sudamericano, encontramos un claro ejemplo de complementariedad entre el conocimiento europeo y las cualidades materiales que poseía y posee el territorio de esta parte del mundo; así, el suelo peruano ofreció la piedra para diseñar y tallar la rueda; a la vez, la geografía peruana ofreció las pendientes necesarias por las cuales se desplacen las masas de agua, atraídas por la fuerza de gravedad terrestre; no obstante, este ejemplo de aplicación del conocimiento europeo en territorio peruano, es un tipo de conocimiento a nivel pretecnológico, tal y como lo demuestran los vestigios de un molino hidráulico a los que hemos documentado mediante fotografías tomadas *in situ*[2].

[2] La interacción del *Homo sapiens sapiens* con la fuerza de atracción terrestre, a lo largo del tiempo, ha experimentado una evolución, es decir, ha ido progresando; desde el solo uso del agua mediante canales, pasando por lo construcción de molinos, hasta las centrales hidroeléctricas. A fin de proporcionar datos palpables de esta evolución, en este punto de la investigación presentamos los vestigios que dan muestra de la interacción del ser humano con la gravedad terrestre, en este caso, para sacar provecho de ella, pero tan solo a nivel pretecnológico. Se trata de vestigios de molinos cuya propulsión proviene de la caída de un cierto volumen de agua, pero que en la actualidad ya no funcionan este tipo de máquinas mecánicas, pues han sido reemplazadas, precisamente, por molinos para moler granos que funcionan con motores eléctricos. Estos vestigios que dan testimonio de la utilización de la fuerza de gravedad terrestre se encuentran ubicados en una zona rural del departamento de Cajamarca - Perú.

Foto N° 5: *Vista panorámica de los restos de un molino para moler granos, basado en la fuerza de la caída del agua.*

Fuente: *Elaboración propia.*

Foto N° 6: *Ruedas de piedra, como vestigios de un molino a propulsión hidráulica. Interiores de la foto N° 5.*

Fuente: *Elaboración propia.*

Con el pasar de los siglos, se observa una evolución del conocimiento humano; sin embargo, en ciertos casos, aún en la actualidad encontramos productos en los que se observa la complementariedad del conocimiento europeo y las características y propiedades propios del territorio peruano, pero el resultado de esta complementariedad es ya a nivel tecnológico, por ende, un resultado de la aplicación de la ciencia.

Es más, en la actualidad hay diversos ejemplos de tecnologías hidráulicas instaladas en suelo peruano que funcionan gracias a que existen elementos naturales, tales como una altura, un volumen de agua en interacción con la gravedad terrestre, y también está presente una pendiente por donde discurre un determinado volumen de agua, desde una parte alta hasta una parte baja y, como elementos producidos por la creatividad humana tenemos a la escritura gramatical y matemática, y, también, a todo un sistema electromecánico que permite convertir a la energía potencial del agua en energía cinética y, ésta, a su vez, se convierte en energía eléctrica: estamos ante un ejemplo de conocimiento humano reflejado en la ciencia y la tecnología denominado central hidroeléctrica.

En efecto, la construcción de una central hidroeléctrica es un patético ejemplo de que la geografía peruana ha ofrecido y ofrece características adecuadas y apropiadas en las cuales se puede aplicar el conocimiento científico y, así, poder desarrollar algún tipo de tecnología. Es, además, una muestra evidente, de que, si bien los antiguos peruanos utilizaron estos elementos naturales (volumen de agua, altura, gravedad terrestre) a nivel técnico y/o precientífico, en la actualidad, esos mismos elementos naturales y algunos otros más, pueden encajar en el juego del desarrollo científico y tecnológico que el conocimiento humano hoy lo posibilita.

Sin duda, si los pobladores prehispánicos no llegaron al combinar esos elementos naturales con los elementos intelectuales de carácter científico y tecnológico, fue porque no estaban al alcance de sus posibilidades o no estaban disponibles; sin embargo, en tiempos actuales, a nuestro parecer, es tarea de los investigadores de este sector del conocimiento, hacer lo que ellos estaban imposibilitados de hacer: complementar el conocimiento científico y tecnológico con ciertas características geográficas que ofrece el territorio peruano; dichas características, en muchos casos resultan ser muy favorables para aplicar la ciencia y la tecnología a fin de alcanzar el bienestar de algunos sectores sociales de hoy.

Por citar algunos ejemplos de complementariedad entre naturaleza y conocimiento: el territorio peruano ofrece los vientos para generar energía eólica; los desiertos para generar energía fotovoltaica y eólica; y, las grandes caídas de agua que se encuentran en ambas vertientes de la Cordillera de los Andes para generar hidroenergía, que, dicho sea de paso, el potencial hidro energético aún no es aprovechado al cien por ciento de su potencialidad natural.

Es cierto que la “bandera” que enarboló el conocimiento occidental fue la escritura, y, la escritura por excelencia adecuada para la ciencia ha sido y es la matemática; de su parte, el territorio peruano tiene ciertas características que le permiten desempeñarse como un ente receptor del conocimiento occidental, cuando de aplicar la ciencia se trata, en lo específico, del conocimiento científico y tecnológico; entonces, la tarea del investigador peruano —entre otros aspectos— debería de consistir en analizar y calcular, en dónde y cómo se podrían complementar con éxito las características orográficas propias del relieve del territorio peruano con el conocimiento científico y tecnológico occidentales y de otros puntos del mundo, también.

En el caso de nuestra innovación tecnológica, en ella hemos logrado establecer una complementariedad exitosa entre la pendiente (característica de la Cordillera de los Andes), la altura, el volumen del agua, la fuerza de gravedad terrestre y la ley científica establecida por el europeo Galileo Galilei, ley que explica el fenómeno de la caída libre de los cuerpos; para lograr la complementariedad ya mencionada nos hemos apoyado en aparatos electromecánicos de carácter tecnológico, obteniendo como resultado un sistema tecnológico que permite generar energía eléctrica y, con ello, cubrir una de las necesidades prioritarias de las poblaciones rurales de la Sierra del Perú; al hablar de necesidad, en este caso, nos referimos, específicamente, a la carencia o escasez de energía eléctrica como un recurso indispensable en el estado actual de la civilización.

1.3 Planteamiento del problema de investigación

Es verdad que, desde los tiempos prehistóricos, el ser humano comenzó a utilizar sus primeros utensilios con el fin de satisfacer, principalmente, algunas de sus necesidades vitales. Desde esos tiempos hasta la actualidad, todos los días el hombre ha realizado muchas de sus actividades para alcanzar su bienestar; cabe precisar que un significativo número de esas actividades estaban relacionadas, de alguna manera, con la fuerza de la gravedad terrestre; es decir, los humanos, desde siempre han desarrollado actividades, o bien para enfrentarse a la fuerza de gravedad, o bien para a sacar algún tipo de provecho de ella. Por mencionar un ejemplo muy cotidiano: en el mismo hecho en el que un individuo humano dé un paso, se cumple que: al inicio del paso, el individuo se "enfrenta" a la fuerza de gravedad y levanta el pie; sin embargo, en cuanto el pie comienza a descender hasta finalizar el paso, la fuerza de gravedad terrestre, le resulta ser beneficiosa; y, éste fue un fenómeno que se produjo en la prehistoria, en la historia y, sin duda, ocurre en la actualidad.

Continuando con la perspectiva histórica, se puede entender que la relación del hombre con la fuerza de gravedad se convirtió en una interacción dinámica, la misma que se ha repetido, en diferentes formas y en diferentes espacios, desde aquellos tiempos arcaicos hasta la actualidad; sin embargo, pese a que la fuerza de gravedad terrestre ha jugado un rol significativo en el devenir histórico, para un gran sector de la población mundial, en la actualidad, pasa por desapercibida esa importante influencia de la fuerza de gravedad terrestre sobre diversas actividades de la vida cotidiana de toda la humanidad.

La historia de la ciencia nos muestra que diferentes grupos humanos, con diferentes grados de claridad, identificaron y distinguieron a la fuerza de atracción terrestre; desde entonces, tratando de convivir en armonía con ella, los humanos han buscado, desde siempre, inventar instrumentos técnicos y/o tecnológicos, o bien para enfrentarse a las adversidades que ofreció la gravedad terrestre, o bien para aprovecharla; dichos inventos no han sido otra cosa que productos exclusivos de la razón, los mismos que en la actualidad se ven reflejados en la ciencia, la tecnología y la técnica (ejemplos: la ecuación que describe la caída libre de los cuerpos, una central hidroeléctrica, la palanca, etc.)

Siguiendo y superando diversas etapas de la evolución humana, surgió la posibilidad de superar el conocimiento de carácter técnico y utilitario, pasando, así, a etapas en las que, —paulatinamente— empezó a predominar el conocimiento filosófico, científico y tecnológico, respectivamente. Fue en estas etapas, en las que comenzó a predominar la razón, cuando surgieron personajes que, excepcionalmente, se preguntaron acerca del porqué de la presencia de la fuerza de gravedad en la superficie terrestre.

Según diversas fuentes históricas, hubieron muchos personajes que trataron de dar una explicación racional al fenómeno la caída de los diferentes cuerpos.

Uno de los primeros intelectuales de la antigüedad que trató de explicar el referido fenómeno, fue el filósofo Aristóteles, en su obra titulada: *Física,* en la que explicó la distinción de los tipos de movimientos, tanto a nivel terrestre, así como en el ámbito de los demás planetas y de los astros, también.

Pero siglos más tarde, el personaje que se preguntó acerca del porqué caen los cuerpos y que, a la vez, dio una respuesta satisfactoria, por tener un carácter científico, fue, sin duda, Galileo Galilei y, lo hizo apoyándose en el método científico experimental.

En los tiempos en que Galileo desarrolló su experimento destinado a explicar la caída de los cuerpos, en el ámbito científico existía un vacío de conocimiento en torno a la verdad sobre el fenómeno natural referido a la atracción terrestre; fue en esas circunstancias que el científico italiano, se propuso y luego logró explicar el fenómeno de la caída de los cuerpos apoyándose en el método de carácter científico experimental y, cuyos resultados los presentó expresados —preferentemente— en lenguaje matemático. En ese contexto histórico, buscar una explicación razonable del porqué caen los cuerpos, era una necesidad científica, es decir, había una necesidad de conocer la verdad en torno a la gravedad terrestre en su calidad de fenómeno físico de carácter natural.

De hecho, Galileo Galilei alcanzó su objetivo y, producto de ello, es que nos dejó como un valioso legado científico la ley de la caída libre de los cuerpos, derivada de datos experimentales, ya que

> Galileo hizo uso de un método de medición de tiempo basado en un reloj de agua. Marcó la posición de la esfera en el plano inclinado a intervalos iguales de tiempo. A partir de estas marcas, Galileo se dio cuenta de que las distancias recorridas durante los intervalos de tiempo guardaban una proporción de números impares: 1, 3, 5, 7. Dado que las proporciones se mantenían con planos más inclinados, este mismo efecto tenía que producirse en la caída libre. El tiempo que tarda en recorrer cada unidad de espacio es 1, 3, 5, 7..., lo que significa que para recorrer el primer tramo se tarda una unidad de tiempo; al finalizar el segundo tramo se ha tardado un total de 1+3 = 4 unidades de tiempo (Corcho, 2012, p. 111)

De estos datos preliminares se deduce la ley expresada mediante una expresión algebraica:

$$g = 9.8\ m/s^2$$

Como se observa, esta ley está expresada en lenguaje matemático, el mismo que tiene un carácter operacional, ya que, en la estructura formal del referido concepto, concurren en una sola fórmula más de una variable y además de la constante de la gravedad (*g*), pero que, al operar matemáticamente, el referido concepto explica la verdad en torno a un solo fenómeno: la fuerza de gravedad terrestre.

El concepto matemático en referencia, Galileo lo obtuvo siguiendo el método hipotético deductivo, para lo cual fue necesario seguir un proceso experimental y, para comunicar sus resultados al mundo, usó el álgebra, disciplina matemática que —dicho sea de paso— fue un valioso legado de los árabes, es por ello que el concepto matemático que explica el fenómeno de la caída libre de los cuerpos, tiene la forma de una ecuación, por ende, en su estructura formal aparecen ciertas variables y constantes ordenadas según las reglas formales del álgebra.

> Las ecuaciones del movimiento de Galileo sirven para conocer la posición y velocidad de un cuerpo a lo largo de su movimiento en el vacío y pueden usarse con gran precisión en un campo gravitatorio, es decir, al dejar caer un cuerpo desde cierta altura. (Fernández, 2012 pp. 66 - 67)

En la actualidad disponemos de un conocimiento suficiente acerca de la caída de los cuerpos, expresado en conceptos matemáticos, a dicha explicación, epistemológicamente se le denomina ley científica; esta ley, para la comunidad académica y científica, constituye un valioso recurso intelectual, que ha permitido y permite, entre otras cosas, desarrollar diversos tipos de tecnologías y, con ello, mejorar las condiciones de vida de muchos sectores de la sociedad mundial.

En tiempos actuales, cada vez que creemos que es conveniente repetir el experimento de la caída libre de los cuerpos, en diferentes contextos, lo hacemos, generalmente, con fines didácticos, pues el fenómeno natural ya tiene explicación científica, por lo que, cuantas veces se lo repita, los resultados a los que se arribe siempre serán los mismos. Una emblemática e histórica repetición del experimento de Galileo lo constituye el experimento que,

> En 1971, el astronauta del Apolo 15 David Scott dejó caer una pluma y un martillo sobre la superficie lunar, para comprobar que ambos llegaban a la par al suelo, dada la ausencia de atmósfera en nuestro satélite y, por ende, la carencia de rozamiento, pudiéndose así cumplir las ecuaciones de movimiento de Galileo. "Lo que demuestra que las ideas del Sr. Galileo eran correctas", comentó Scott al finalizar el famoso experimento, como homenaje al toscano (Fernández, 2012, p. 67)

Esta emblemática repetición del experimento galileano es un hito histórico que respalda nuestra hipótesis de la presente investigación.

En nuestra condición de investigadores del ámbito del conocimiento epistemológico y científico, entendemos claramente que el fenómeno de la caída de los cuerpos ya tiene una explicación satisfactoria; mas, a nuestro parecer, aquello que aún queda por hacer es aumentar el número de aplicaciones de la ley galileana en favor de la humanidad; dichas aplicaciones reclaman necesariamente de innovaciones a nivel científico y tecnológico, lo que evidencia que la aplicación de la ley de la caída libre de los cuerpos es una tarea que dejara Galileo, pero que aún no está concluida, pese a que en algún momento de la historia se repitió en suelo lunar, inclusive. Entonces, uno de los deberes de los hombres gestores de la ciencia y la tecnología de hoy es crear medios y condiciones en las que se continúe aplicando este valioso instrumento científico, como un medio válido, para solucionar ciertos problemas de índole social que hoy aquejan a la humanidad.

Intentando cumplir —de alguna manera— con parte de la tarea, es que hemos inventado un sistema mecánico que funciona, entre otros aspectos, gracias a la fuerza de la gravedad terrestre y, cuya eficacia observada en su funcionamiento guarda una relación de proporcionalidad directa con los problemas de escasez o carencia de energía eléctrica en ciertos lugares del mundo.

Hay que remarcar que, repetir el experimento con el fin de encontrar una ecuación algebraica que permita explicar el fenómeno de la caída libre de los cuerpos, a estas alturas del tiempo, resultaría innecesaria, esta innecesariedad la tenemos claramente distinguida, razón por la cual, en nuestro experimento, el objetivo principal ya no ha sido encontrar la verdad en torno a un fenómeno físico, sino, más bien, el objetivo nuestro fue alcanzar la eficacia de la ley de la caída libre de los cuerpos, eficacia que es susceptible de ser evaluada y calificada con conceptos porcentuales en el momento en que se pone en funcionamiento el sistema tecnológico inventado; por lo tanto, esa verdad en torno a la gravedad terrestre —que se explica mediante una expresión algebraica—, aumenta su radio de acción, porque, más allá de los alcances puramente científicos, traspasa y llega a abarcar el ámbito de la realidad social, también.

El referido aumento del radio de alcance de la verdad, que se explica mediante un instrumento teórico llamado: ley de la caída libre de los cuerpos, reafirma o refuerza el carácter verdadero de la fórmula algebraica galileana, ya que, manteniendo inalterable su esencia puramente científica y matemática, también es susceptible de ser aplicada a la solución de problemas sociales; esta aplicación, deja en evidencia el grado de eficacia, y de la utilidad práctica de la mencionada fórmula algebraica.

Desde luego que, la aplicación de la ley a diversos casos prácticos es una prueba tangible de que la fórmula está en condiciones de desempeñar roles muy importantes, aún más allá del ámbito estrictamente científico, hasta llegar a alcanzar el nivel más elevado posible de eficacia, la cual repercuta positivamente en el ámbito de la realidad social, la misma que se caracteriza por tener necesidades infinitas.

Ahora bien, en el proceso de nuestra investigación de tesis, nuestra hipótesis es la siguiente:

El experimento de la caída libre de los cuerpos es susceptible de cambiar de finalidad.

Al respecto, es importante aclarar que este enunciado no se limita a ser una mera proposición que expresa una afirmación hipotética; sino, por el contrario, en nuestra condición de cultores del método científico-experimental, si bien hemos repetido, de algún modo, el experimento de la caída libre de los cuerpos, la diferencia radica en que nosotros no hemos buscado encontrar una ley científica que explique una regularidad natural, sino que, siguiendo una vía diferente (vía tecnológica), hemos buscado —a partir de la repetición del experimento galileano— solucionar un problema de carácter social, ya que, a partir de la utilización de procesos científico-experimentales, de la utilización de la ley de la caída de los cuerpos, más la invención de un sistema tecnológico adecuado, hemos logrado producir energía eléctrica mediante el aprovechamiento de la energía potencial gravitatoria del agua.

Es oportuno resaltar que el proceso de producción de electricidad mediante nuestra invención, ha resultado ser más eficaz en relación a los sistemas de producción de hidroenergía producida por sistemas tecnológicos convencionales, puesto que, mediante el instrumento tecnológico inventado hemos podido aprovechar la energía potencial gravitatoria del agua, de tal modo que, hemos logrado convertir parte de la fuerza de la gravedad terrestre en energía eléctrica, concretizando, así, el objetivo de nuestra investigación experimental, el cual consistió, ya no en descubrir una ley que explique el fenómeno de la caída libre de los cuerpos, sino, en demostrar que la aplicación de la ley de la caída libre de los cuerpos, en su condición de medio e instrumento científico, de manera eficaz, puede contribuir con la solución de un problema de carácter social: la escasez de energía eléctrica, que, a su vez, se correlaciona con un problema de índole ecológico, el cual afecta a todo el mundo y requiere urgente solución: el cambio climático.

1.4 Objetivo de la investigación

Demostrar que el experimento de la caída libre de los cuerpos es susceptible de cambiar de finalidad.

1.5 Justificación

La humanidad, en casi todas las Edades de la prehistoria e historia, ha enfrentado problemas de diferente índole, unos más graves que otros; otros, más o menos universales; ante esos problemas el ser humano ha reaccionado ofreciendo diversos tipos de respuestas, según el conocimiento y capacidad de explicación que la especie *Homo sapiens sapiens* ha tenido frente a cualquier problema. Sin embargo, hay que remarcar, que, si bien en su origen las sociedades explicaron muchos problemas tomando como punto de apoyo a la elaboración de mitos, con el pasar de los tiempos, paulatinamente surgieron las explicaciones racionales, las cuales, en un inicio las dio la sola filosofía, luego, a las explicaciones filosóficas se sumaron las explicaciones científicas.

Ciertamente, la Era actual no está exenta de problemas que encierran un alto índice de gravedad; por lo tanto, la filosofía está llamada a responder —de alguna manera— desde su propio ámbito de dominio del conocimiento. Consideramos que uno de los problemas sobre el cual la filosofía debe actuar o, al menos, expresar su punto de vista, es el cambio climático. Dado que la filosofía se caracteriza por ser una disciplina transversal a todas las ciencias, entonces debería de ensayar algún tipo de solución al problema que venimos de hacer mención.

No hay duda de que el cambio climático, en la actualidad, significa, más que un mero problema, una amenaza de considerable magnitud, no sólo para la vida de la especie humana, sino, también, para todos los seres bióticos que habitan en el planeta Tierra. Al respecto, ya en el año 2001, Bunge advertía:

> El problema, pues, se reduce a lo siguiente: si queremos superar la crisis global y planetaria de nuestro tiempo, necesitamos más investigación científica y más tecnología que nunca [...]. Todo cuanto se sabe es que, o bien encaramos la crisis de manera racional y realista, o nuestra civilización, o aún nuestra especie, se extinguirá. El gran dilema de nuestro tiempo es, pues, racionalidad y realismo o extinción (2001, p. 150)

Ante tal problemática de considerable magnitud, en el mundo, los profesionales de las diferentes áreas del conocimiento humano tenemos el deber de contribuir con la solución de este problema, ya que estamos convencidos de que "el cambio climático en el mundo involucra muchos diferentes campos: la geología, la climatología, la oceanografía, la física, la química, la ecología, la biología, la astronomía, etc." (Earls, 2007, p.17); particularmente, quienes hemos optado por seguir estudios en filosofía en una Universidad, también estamos llamados a dar, cuando menos, una alternativa de solución, que signifique una solución, si no total, al menos en parte, al problema antes mencionado; de esta manera estaremos evitando ser parte de aquellos filósofos que, a decir de Bunge, “no se enteran de lo que se discute en otros departamentos ni de lo que pasa en la sociedad que los alberga y alimenta. Solo leen literatura filosófica, y escriben exclusivamente para colegas” (2001, p. 104); sobre el punto de vista del autor apenas citado, cabe acotar la posición que tiene Bacon acerca del indesligable vínculo entre la filosofía y la realidad práctica: “Cuando la filosofía se desgaja de sus raíces en la experiencia, donde brotó y creció, se vuelve algo muerto” (Bacon, citado por Corcho, 2012, p. 22)

Es por ello que, en nuestra condición de investigadores, basados en principios científicos y filosóficos —a manera de una tentativa— hemos tomado el método y la ley referida a la caída libre de los cuerpos como medios para encontrar algún tipo de solución a un problema social. Para que dicha ley sea aplicada con el más alto rango de eficacia en la tecnología, fue necesario inventar un instrumento tecnológico, de tal manera que, haciendo concurrir la ley científica, el proceso experimental y la invención del instrumento mecánico, se demostró que sí es posible aprovechar la fuerza de la gravedad terrestre en interacción con la masa del agua, para obtener como resultado esperado, la generación de energía eléctrica a partir de una fuerza constante existente en espacio y tiempo terrestres (gravedad terrestre) y una fuente renovable de energía (el agua). El haber comprobado que sí es posible generar energía eléctrica, tomando como factores a la fuerza de gravedad y a la masa del agua, confirma nuestra hipótesis de investigación.

De esta manera es como hemos demostrado que desde la filosofía se pueden ejecutar ciertas acciones que permitan contribuir con la solución del problema del cambio climático. La producción en serie del sistema electromecánico que genera energía eléctrica, sin duda, contribuiría con minimizar el impacto ambiental negativo, y, a la vez, proteger el medioambiente sin que se prive el acceso y uso de las comodidades y el confort de los que dispone la civilización humana en la actualidad; por lo tanto, nuestro aporte desde el ámbito de la filosofía concuerda con las políticas de Estado y de Gobierno asumidas por muchos países del mundo destinadas a combatir el también denominado: cambio climático; inclusive, en la actualidad, la gran mayoría de los países del mundo buscan enfrentar el referido problema, a partir de la puesta en marcha de un sistema económico-político de cooperación internacional y multisectorial; así fue cómo surgió un organismo multinacional denominado: La Conferencia de las Partes (COP) que es el órgano de decisión supremo de la Convención Marco de Naciones Unidas sobre cambio climático (UNFCCC, por sus siglas en inglés); cabe precisar que el Perú también es miembro de dicho organismo internacional.

La primera COP se realizó en Berlín, en 1995. A la fecha se han realizado 25 COPs,

> En su vigésima quinta reunión organizada y presidida por Chile, que se llevó a cabo entre el 2 y el 13 de diciembre en Madrid, las 197 Partes que conforman el tratado -196 naciones más la Unión Europea-, buscarán avanzar hacia la implementación de los acuerdos que se han determinado en la Convención que establece obligaciones específicas de todas las Partes para combatir el cambio climático (COP25, 2019, s. p.)

Este organismo multisectorial e internacional nos refiere que tiene como visión:

> El mundo entero está en un proceso de transformación hacia un desarrollo verdaderamente sustentable. Aumentar la ambición con un balance entre mitigación y adaptación es clave. Para esto necesitamos la participación tanto de los Estados como de los gobiernos locales y el sector privado. La COP debe favorecer la acción climática concreta, asegurando un proceso inclusivo para todas las partes y la integración formal del mundo científico y del sector privado. Nuestro desafío es lograr una transición hacia el incremento de la acción y que sea percibida por la ciudadanía. El cambio climático es una realidad hoy, no en 50 años más (COP25, 2019, s. p.)

Como podemos apreciar, la conformación de la Conferencia de las Partes es una respuesta, básicamente, de carácter político; es decir, se trata de una respuesta consensuada entre los representantes políticos de diversos países del mundo.

Ahora bien, estando ante estas circunstancias, relacionadas con el cambio climático, cabe la pregunta: ¿Cuál es la respuesta que deberíamos ofrecer los profesionales en filosofía?

Sabido es que la filosofía se caracteriza, entre otros aspectos, por dar respuesta a cierto tipo de problemas. En nuestro caso, nuestra respuesta sería el haber utilizado como medio un tipo de experimento científico, a fin de generar energía eléctrica para ponerla al servicio de la sociedad, sin que la obtención de dicha energía contribuya con el incremento del efecto invernadero en el mundo.

Como garantía de la eficacia del funcionamiento de nuestro aporte tecnológico, una vez culminada, nuestra invención mecánica ha sido sometida diversas evaluaciones técnicas y científicas. En lo específico, la invención objeto de la presente investigación de tesis, tras haber superado diferentes etapas experimentales, en su momento superó la evaluación interna por parte de la Dirección General de Investigación y Transferencia Tecnológica, adscrita al Vicerrectorado de Investigación y Postgrado de la Universidad Nacional Mayor de San Marcos; luego, el invento también superó la evaluación realizada por el

Instituto Nacional de Defensa de la Competencia y de la Protección de la Propiedad Intelectual (Indecopi)

Según lo estipulado en las normas internas de la Universidad y, con el fin de obtener la patente para la Universidad Nacional Mayor de San Marcos, cedimos los derechos de propiedad intelectual a la Universidad, ante notario público (Ver ANEXO N° 2), esto en mérito al Reglamento de Propiedad Intelectual de la Universidad Nacional mayor de San Marcos, el mismo que en su Artículo 15 referido a la titularidad de las patentes de invención y modelos de utilidad; en su inciso "a", refiere que:

> Corresponde a la UNMSM la titularidad de las investigaciones realizadas por los docentes, investigadores, estudiantes, tesistas, administrativos cuando sean desarrolladas como resultado del ejercicio de las funciones inherentes al vínculo laboral contractual o en el caso que la invención resulte de convenios específicos para la investigación científica y del desarrollo de la ciencia, tecnología e innovación en los que intervenga la UNMSM (2018, p. 10)

En virtud de la cita apenas expuesta, la Universidad, ante el Indecopi, presentó la solicitud para proceder con el registro y posterior obtención de la patente correspondiente (Ver ANEXO N° 3); la mencionada solicitud de patente fue admitida a trámite, satisfactoriamente y, e inclusive tuvimos la oportunidad de participar en el XVII concurso nacional de invenciones y diseños industriales, organizado por el mismo Indecopi (ver ANEXO N° 4). Tras haber superado las diferentes etapas de evaluación y calificación en concordancia con las normas dictaminadas por la Organización Mundial de la Propiedad Intelectual (OMPI), el Indecopi nos otorgó la patente en fecha: 05 de noviembre de 2020.

Basándonos en los logros y alcances obtenidos en el ámbito administrativo-legal y con los resultados obtenidos en el aspecto tecnológico, estamos en las condiciones de afirmar que la hipótesis que guía a la presente investigación ha quedado confirmada; y más aún, la confirmación de la hipótesis se apoya en un hecho fáctico, que, en sí, significa un logro, tanto a nivel administrativo, así como técnico, tecnológico y científico, nos referimos a la obtención de una patente para la Universidad Nacional Mayor de San Marcos, como resultado de una investigación de tesis (ver ANEXO N° 7)

Ahora, visto desde un enfoque filosófico, todo este trabajo de investigación permite demostrar el rol que la filosofía cumple y/o debería cumplir frente a los desafíos que en la actualidad enfrenta la humanidad. De hecho, desde nuestra perspectiva, estamos convencidos de que —como lo hizo en tiempos pasados— la filosofía puede contribuir con la solución de problemas de alcance mundial, tomando como medios de apoyo a las diversas formas de conocimientos que en su conjunto son parte del patrimonio intelectual de la humanidad.

Finalmente, creemos que es meritorio enfatizar que una investigación de carácter científico-experimental como la que se describe en el presente informe de tesis es, de alguna manera, una continuación de la tarea científica que iniciara el filósofo griego Tales de Mileto; a propósito,

> Lo que, en nuestros días, hace recordar más frecuentemente el nombre de este filósofo, es que se le considera como el primero que haya hablado de magnetismo y de electricidad. Sabía, en efecto, que el ámbar tiene la propiedad de atraer los cuerpos livianos, después de haber sido frotado, y que la piedra de imán atrae al hierro (García, 1957, p. 14)

1.6 Hipótesis de la investigación

1.6.1 Estructura gramatical de la hipótesis

El experimento de la caída libre de los cuerpos es susceptible de cambiar de finalidad.

1.6.2 Estructura lógica de la hipótesis

Si en su funcionamiento un sistema electromecánico incluye como constante a la ley de la caída libre de los cuerpos, entonces **el experimento de la caída libre de los cuerpos ha cambiado de finalidad**.

La expresión de la hipótesis mediante el lenguaje formal de la lógica nos indica que estamos ante una proposición molecular de tipo condicional. De hecho, que al ser una expresión que forma parte de la función informativa del lenguaje, el enunciado es una proposición, por lo tanto, es susceptible de ser calificada de verdadera o falsa. Y, al ser una proposición de tipo molecular, y que por su tipo de operador es una condicional, tenemos un antecedente y un consecuente, como se especifica en seguida:

ANTECEDENTE: en su funcionamiento un sistema electromecánico incluye como constante a la ley de la caída libre de los cuerpos.

CONSECUENTE: **el experimento de la caída libre de los cuerpos ha cambiado de finalidad**.

1.6.2 Estructura lógico-formal de la hipótesis

La estructura de la hipótesis expresada mediante una proposición, al ser traducida al lenguaje lógico, se expresa así:

En su funcionamiento un sistema electromecánico incluye como constante a la ley de la caída libre de los cuerpos: P.

El experimento de la caída libre de los cuerpos ha cambiado de finalidad: Q.

Entonces, la hipótesis tiene la siguiente estructura lógico-formal:

$$(\forall)\ \mathbf{P}_{(x)} \Rightarrow \mathbf{Q}_{(x)}$$

La fórmula obedece a la estructura de una proposición lógica de tipo molecular; dicha expresión algebraica, en lenguaje gramatical, se parafrasea como sigue: "para todo objeto ***x***, si ***x*** tiene la propiedad **P**, entonces ***x*** tiene la propiedad **Q**" (Piscoya, 2007, p. 266)

CAPÍTULO II

LA TECNOLOGÍA COMO UNA APLICACIÓN DE LA CIENCIA

2.1 La complementariedad entre técnica, ciencia y tecnología

La lógica y la matemática, en su condición de ciencias formales, no pueden ser utilizadas directamente por los miembros de las sociedades humanas, o, dicho de otra manera, no proporcionan beneficios prácticos directamente a los grupos sociales. Muchas veces, el beneficio de las ciencias formales se obtiene de manera indirecta, siendo el ente mediador, en este caso, la tecnología. De ahí que, para muchos epistemólogos, la tecnología sea calificada como el resultado de la aplicación de la ciencia. Este criterio de calificación no es reciente, así, si apelamos a una breve referencia histórica, encontramos que el inventor italiano Leonardo da Vinci al referirse a la complementariedad entre la mecánica y las matemáticas, metafóricamente afirmaba que "la mecánica es el paraíso de las ciencias matemáticas, pues gracias a la mecánica es que recogemos los frutos"[3] (Thuiller, 1988, citado por Guevara, 2017, p. 39)

Tanto la ciencia, así como la tecnología —como frutos de la creatividad humana— tratan de responder a preguntas específicas, así, ante los problemas derivados de los diversos vacíos de conocimiento, muchas veces la ciencia trata de responder a preguntas del tipo: "¿por qué?", mientras que la tecnología busca responder a interrogantes del tipo: "¿cómo?". Por ejemplo, una pregunta científica vendría a ser: ¿Por qué un material tiene un cierto límite de resistencia al ser sometido a una fuerza externa?; por su parte, la tecnología busca explicar

---

[3] Idioma original de la fuente: la mécanique, est le paradise des sciences mathématiques, car c'est grâce à elle qu'on en recueille les fruits

el cómo; por ejemplo: ¿cómo hacer que una batería de una marca y modelo determinados tenga un rendimiento más eficiente?

La ciencia, cuando se encuentra frente a problemas científicos no resueltos, unas veces encuentra sus respuestas por sí misma, otras veces se sirve de procesos experimentales, por lo que, en estos casos, se apoya en la técnica y la tecnología; por su parte la tecnología, en ciertos casos encuentra también sus respuestas por sí misma, otras veces debe de apoyarse en la ciencia —por ejemplo, en los cálculos matemáticos—, o inclusive, a veces se apoya en la técnica. Un caso en el que la tecnología se apoya en la ciencia vendría a ser, por ejemplo, cuando el tecnólogo busca que un cierto tipo de máquina sea más eficiente, éste —para alcanzar su objetivo— se apoyará en el cálculo para lo cual trabaja con datos matematizables a fin de obtener datos matematizados mediante los cuales pueda comunicar sus resultados.

En el caso de las tecnologías digitales, el tecnólogo se apoyará en la lógica digital, por ejemplo; es por ello que estamos de acuerdo con el punto de vista del autor de la definición siguiente:

> La innovación tecnológica es un resultado directo de la aplicación del conocimiento científico. Por lo tanto, una política orientada a promover la innovación y el desarrollo tecnológico en un país debe empezar por promover el desarrollo científico, porque una vez que tengamos un elevado nivel de conocimiento científico podremos aplicarlo al desarrollo de innovaciones tecnológicas, y éstas permitirán a su vez conseguir más competitividad por parte de las industrias y, por consiguiente, mejorar la economía del país, el bienestar social, etc. (Quintanilla, 2005, pp. 89-90)

La fuente apenas citada nos da entender que la ciencia no sólo viene caracterizada por un afán de conocimiento de la naturaleza, sino también por la voluntad de dominio de la misma, para lo cual, en muchos casos se hace necesario el uso de medios tecnológicos; en un similar número de casos, la aplicación de la ciencia permite que emerjan medios tecnológicos destinados a resolver, ya no únicamente problemas puramente científicos, sino también sociales; y es que "la tecnología no puede venir sin ciencia pues no es sino ciencia aplicada a finalidades prácticas" (Bunge, 2012, p. 52); por citar algunos ejemplos que nos muestra la historia contemporánea: la electricidad, la máquina a vapor, la medicina de base científica y otros muchos descubrimientos e innovaciones han contribuido a mejorar considerablemente las condiciones de vida de los seres humanos, y ello ha contribuido grandemente a prestigiar la ciencia (Echeverría, 1999, pp. 250-251)

Cabe precisar que, actualmente, "la invención técnica ha sido reemplazada casi por entero por la investigación tecnológica, que emplea los resultados y métodos de la ciencia con fines utilitarios" (Bunge, 2012, p. 73); en la misma línea de pensamiento, en cuanto se refiere a la utilidad práctica de los productos tecnológicos, Piscoya considera que

> un aspecto que no puede pasarse por alto cuando se aborda el tema de la tecnología es el relacionado con las conexiones sociales que ésta tiene. En principio, que la investigación tecnológica incremente nuestra información principalmente en un sentido satisface directamente la necesidad de dominio de lo natural y lo social. Como ya lo indicamos anteriormente, el resultado de este tipo de investigación nos enseña a hacer algo con eficiencia y en condiciones óptimas. Ésta es la razón por la cual la influencia de la tecnología en la vida social, en la experiencia inmediata, es enorme, en tal grado que podemos afirmar que el mundo contemporáneo es esencialmente un producto de la ciencia teórica a través de las materializaciones tecnológicas (1999, p. 173)

Sobre el particular concordamos con lo mencionado por el filósofo Piscoya, además estamos de acuerdo en que, al igual que "la filosofía no satisface directamente ninguna necesidad material, aunque indirectamente podría contribuir a ello" (Piscoya, 1999, p. 173), de la misma manera —como lo hemos mencionado anteriormente— la ciencia, en el sentido estricto de la palabra, no puede contribuir directamente con el bienestar de las sociedades; pero, si aceptamos que la tecnología es una aplicación de la ciencia, entonces concluimos que las ciencias formales contribuyen con el bienestar social, teniendo como ente material intermediario a la tecnología; así pues, la tecnología es el resultado de la aplicación de la ciencia, y, por supuesto, el bienestar social, es el resultado de la aplicación de la tecnología en la realidad social (en la mayoría de los casos, en las sociedades de hoy)

Hay que tener presente que, en la actualidad, la mayor o menor producción y uso de la tecnología —inclusive— es un indicador macroeconómico, de tal suerte que:

> Las diferencias más inmediatas entre países desarrollados y subdesarrollados se dan en términos de mayor o menor uso de las tecnologías, las mismas que están orientadas hacia la mayor producción y el mayor bienestar de las sociedades que las crean (Piscoya, 1999, p. 173)

2.2 El lenguaje de la tecnología

De manera general, el conocimiento humano se transmite mediante un lenguaje, es decir, éste es el medio a través del cual se transmite una información entre individuos o bien entre sociedades. Hay que acotar que el lenguaje humano es complejo y muchas veces depende del código y canal que se utilice para establecer un determinado tipo de comunicación.

El lenguaje humano es complejo, porque la realidad en el que cada uno de los individuos humanos cumple su ciclo vital, es compleja y, al estar incluido en esta realidad, el lenguaje humano, la complejidad está ahí. Como una forma de sobrellevar dicha complejidad es que el ser humano ha segmentado el lenguaje general humano, llegando a asignarle ciertas características peculiares a cada uno de estos segmentos del lenguaje. Así tenemos el lenguaje general entendido en sentido amplio y, los lenguajes especializados o artificiales que se corresponden con tan solo ciertos segmentos de la realidad; dicha segmentación los humanos lo han elaborado por necesidad, ya que no todos podemos codificar y decodificar todos los tipos de lenguajes artificiales.

Así, por citar un ejemplo, un ingeniero químico no podrá explicar una reacción química utilizando las notas musicales; a su vez, un compositor musical no podrá elaborar una partitura utilizando los símbolos de elementos químicos contenidos en la tabla periódica. Cada sector de la realidad posee características particulares, por lo tanto, cada lenguaje artificial también tiene sus propias características.

Como un ente inmerso dentro de esta realidad compleja, se encuentra la tecnología; por lo tanto, ésta, no es más que un segmento más de la realidad; de ello inferimos que a este tipo de realidad le corresponde un lenguaje con sus características peculiares: el lenguaje de la tecnología.

Desde el punto de vista epistemológico, el lenguaje de la tecnología se caracteriza por ser prescriptivo, y no descriptivo; es decir, a la tecnología le interesa fundamentalmente solucionar eficientemente problemas prácticos que se originan en las necesidades sociales. La satisfacción de estas necesidades constituye la meta que da sentido y dirección a la prescripción tecnológica que recomienda un curso de acción en virtud del beneficio que produce (Piscoya, 1999, p. 170)

2.2.1 El lenguaje formal de la tecnología

Para explicar este punto, iniciamos recurriendo a un ejemplo cuyo enunciado sigue las reglas formales de la lógica. La estructura lógica de la ley científica siguiente: 'si un gas se calienta, entonces se dilata' es (a nivel proposicional) si ***A entonces B***, que puede simbolizarse **A → B.** En cambio, la forma del correspondiente enunciado nomopragmático es **B *per* A**, que leemos '**B** por medio de ***A*'**, o 'para obtener **B** empléese el medio **A'.** El consecuente de la ley ha pasado a ser el antecedente de la regla; mejor dicho, el antecedente lógico es ahora el medio y, el consecuente lógico es ahora el fin de la regla relacionada con el medio. El valor del enunciado **A → B** depende solamente de los valores de verdad de las proposiciones atómicas que la componen: **A** y **B**: es una función de verdad o construcción extensional. En cambio, **B *per* A**, no es ni verdadera ni falsa, sino eficaz o ineficaz (Bunge, 2012, p. 64)

> El contraste entre leyes y reglas puede ponerse de manifiesto recordando la tabla de valores del condicional **A → B** e introduciendo lo que llamaremos la tabla de eficacia de la regla **B *per* A**. Emplearemos el signo '1' para designar la verdad y, el signo '0' para designar la falsedad; los mismos signos nos servirán para representar la eficacia y la ineficacia, respectivamente; y el signo de interrogación designará nuestra incertidumbre acerca de la eficacia de la regla (Bunge, 2012, p. 65)

Como podemos observar, en el caso de la tabla aritmética se opera con 1 y 0 (código binario); en cambio, en el caso de la tabla de eficiencia, al código binario se adiciona un signo gramatical (se trata del signo de interrogación: "?") tal y como se muestra en la tabla siguiente:

Tabla N° 1: *Tabla aritmética Vs. tabla de eficacia.*

TABLA ARITMÉTICA DE LA LEY **A → B**			TABLA DE EFICACIA DE LA REGLA **B *per* A**		
A	B	**A → B**	A	B	**B *per* A**
1	1	1	1	1	1
1	0	0	1	0	0
0	1	1	0	1	?
0	0	1	0	0	?
Lenguaje formal de la lógica			Lenguaje formal de la tecnología		

Fuente*: Bunge, 2012, p. 65*

Respecto a la tabla que venimos de presentar:

> Obsérvese que el condicional **A → B,** sólo es falso cuando el antecedente es verdadero y el consecuente es falso. En cambio, el único caso que **B *per* A** es ciertamente eficaz, es cuando se dan tanto el medio **A** como el fin **B.** Si no ponemos en práctica el medio prescrito ni se alcanza el fin, o si se alcance el fin sin usar la regla, no podremos saber si la regla es eficaz o no; sólo si está ausente el fin sabemos que la regla es ineficaz (Bunge, 2012, p. 65)

Después de analizar la explicación que nos proporciona la cita anterior, observamos que el lenguaje de la tecnología está constituido por reglas de acción que, según la propuesta del filósofo argentino Mario Bunge, tienen la estructura **"A por B"**, es decir, **"B por medio de A"** o **"para obtener B, se debe hacer A"**. Este esquema recoge el sentido instrumental de la regla tecnológica (**A** es un instrumento, es un medio, para llegar a **B**, que es el fin) (Piscoya, 1999, p. 170)

Obedeciendo a la estructura del esquema propuesto por Mario Bunge, el sistema tecnológico que hemos inventado en el que se aplica la ley de la caída libre, se explicaría así:

A: es un instrumento: El invento, es decir, la innovación tecnológica.

B: es el fin: Generación de energía eléctrica.

Sin embargo, observamos que existe una cierta incompletitud en este esquema nomopragmático, ya que dicho esquema no incluye a las circunstancias sociales en las que puede generarse una necesidad que reclama una solución mediante la invención de ciertos aparatos tecnológicos, por lo que compartimos el punto de vista del autor de la cita siguiente, quien en referencia al esquema planteado por Bunge refiere:

> Pero es insuficiente para dar cuenta de su sentido normativo prescriptivo. No debemos omitir las circunstancias iniciales para comprender el contenido prescrito en situaciones particulares. Nosotros hemos propuesto como esquema general de las reglas tecnológicas: "En circunstancias **X** debe hacerse **Y** para **Z**" (Piscoya, 1999, p. 170)

El esquema general de la regla tecnológica, que acabamos de citar, sin duda, es más completo que el esquema planteado por Bunge, ya que en su estructura incluye un indicador adicional, y no menos importante: las circunstancias o contexto que condicionan el desarrollo de cierto tipo de tecnología que permita obtener el producto o beneficio final proveniente de la elaboración de dicha tecnología. Por lo tanto, en el esquema propuesto por el epistemólogo Luis Piscoya, nuestro invento objeto de descripción en la presente investigación de tesis, se explicaría así:

En circunstancias X: Ausencia de energía eléctrica; uso de fuentes de energía no renovables, etc.

Debe hacerse Y: Un invento que transforma la energía potencial gravitatoria del agua, en energía eléctrica.

Para alcanzar Z: Suministro de energía eléctrica, uso de fuentes renovables de energía, reducción del efecto invernadero.

Como se observa, si se incluye en el esquema el criterio referido a **las circunstancias iniciales**, la explicación de la regla tecnológica es mucho más completa y clara, por ende, presenta un más claro y completo sustento epistémico.

Entonces, en síntesis, podemos afirmar que la regla tecnológica nos enseña a hacer algo con eficiencia y en condiciones óptimas; ésta es la razón por la cual la influencia de la tecnología en la vida social, en la experiencia inmediata, es enorme, en tal grado que podemos afirmar que el mundo contemporáneo es esencialmente un producto de la ciencia teórica a través de las materializaciones tecnológicas (Piscoya, 1999, p. 173)

2.3 La ley de la caída libre de los cuerpos aplicada en la tecnología de las centrales hidroeléctricas

Sin duda, uno de los casos patéticos en los que se observa la aplicación la ley de la caída libre de los cuerpos, es en la generación de energía eléctrica a partir de la utilización de la energía potencial gravitatoria del agua. En este caso, la tecnología utilizada se comporta como el ente que permite transformar la fuerza de la gravedad terrestre, en un servicio de indispensable utilidad para la sociedad: la energía eléctrica.

En el Perú existen diversas instalaciones de este tipo de tecnología, hecho que confirma que la orografía peruana ofrece ciertas características adecuadas en las que se puede aplicar el conocimiento científico y tecnológico, para obtener productos que desempeñan un rol preponderante en el progreso de las sociedades actuales.

A efectos de ejemplificar un caso tecnológico en el que se aplica la ley de la caída libre de los cuerpos, a continuación, pasamos a detallar, de manera sucinta, los aspectos tecnológicos y científicos de una central hidroeléctrica.

2.3.1 Aspectos Tecnológicos básicos de las centrales hidroeléctricas

Como ya lo hemos mencionado anteriormente, en la actualidad, existen muchos tipos de tecnologías en las cuales se aplica la ley de la caída libre de los cuerpos; asimismo, también hemos afirmado precedentemente, que la tecnología es una aplicación de la ciencia. En este punto, y, a manera de ejemplo ilustrativo, presentamos los componentes básicos de la tecnología referida a las centrales hidroeléctricas, en lo específico, las que usan turbinas tipo Pelton.

Es importante precisar que para el funcionamiento de este tipo de tecnología se hacen necesarios los cálculos matemáticos que incluye a la fuerza de gravedad terrestre como una constante y que forma parte de la fórmula que explica el funcionamiento de una hidroeléctrica.

Figura N° 1: *Componentes básicos de una central hidroeléctrica.*

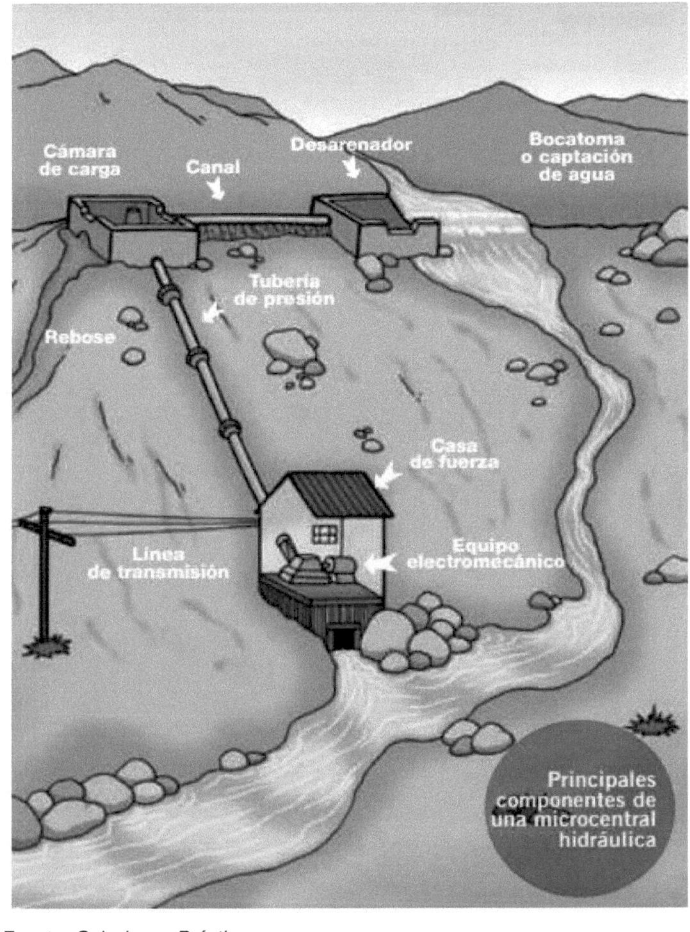

Fuente: *Soluciones Prácticas.*

De esta figura podemos inferir, que los componentes básicos de una central hidroeléctrica, en cuanto se refiere a la técnica y la tecnología, son los siguientes:

Bocatoma o captación de agua

Desarenador

Canal

Cámara de carga

Rebose

Tubería de presión

Casa de fuerza

Equipo electromecánico

Líneas de transmisión

En resumen, una central hidroeléctrica se compone de: obras civiles, un equipo electromecánico y redes eléctricas de transmisión y distribución.

Foto N° 7: *Central hidroeléctrica instalada.*

Fuente: *Soluciones Prácticas.*

2.3.2 Aspectos científicos

Respecto a la complementariedad entre práctica y ciencia, es preciso tomar las palabras de Leonardo Da Vinci quien, en su momento afirmó que "aquellos que se dedican a la práctica, sin tomar en cuenta a la ciencia, son como marineros que se suben a un barco sin timón y sin brújula, y que, por lo tanto, nunca saben a dónde van"[4] (Thuiller, citado por Guevara, 2017); al respecto, un argumento razonable acerca de la complementariedad adecuada entre práctica y ciencia lo encontramos en

> El método que Galileo crea, el método experimental, consiste en un proceso que, como se ve, combina un carácter matemático, racionalista, con un carácter empírico. Mediante él, se trata de hacer corresponder números con fenómenos; se trata, en una palabra, de hacer mensurable todos los fenómenos. Sólo aquello que es posible medir posee las características de un quehacer plenamente científico, ya que combina lo matemático con lo empírico, la deducción con la inducción (Galileo, 1984, p.17)

Siendo la masa del agua un cuerpo que está sometido a la fuerza de gravedad terrestre y, siendo el agua, además, un cuerpo que cuando se deja caer, se verifica el fenómeno de la caída de los cuerpos, entonces, le corresponde su respectiva conceptualización en lenguaje matemático; y si dicha conceptualización matemática, se obtiene después que el agua —al descender— pasa por los diferentes componentes tecnológicos de una central hidroeléctrica, este fenómeno tendrá su respectiva expresión matemática. La conceptualización matemática que describe al fenómeno artificial que se produce desde que el agua ingresa en los diferentes accesorios que conforman la tecnología hidráulica hasta que el líquido es vertido, tiene una forma algebraica. Una vez que el caudal acciona los accesorios electromecánicos produce una fuerza denominada potencia (P); esta potencia cuenta con su respectiva expresión algebraica, la cual, en su estructura, contiene sus variables y constantes respectivas; tal y como pasamos a detallar enseguida:

> La potencia que se puede obtener del recurso hidráulico se estima utilizando la siguiente ecuación:

---

[4] Idioma original de la fuente: ceux que s'adonnent à la pratique sans la science sont comme des marins qui s'embarquent sans gouvernail et sans boussole, et qui ne savent jamais où vont.

$P = \rho gQH$

Donde:

"ρ" es la densidad del agua y para efecto de cálculo se toma como 1000 kg/m^3,
"g" representa la aceleración de la gravedad con un valor de 9.8 m/ s^2,
"Q" representa el caudal de agua en m^3/s que se desvía hacia las turbinas y
"H" es la altura o distancia medida entre la parte alta y la parte baja de una cascada del río, esta distancia es conocida también como salto bruto y se expresa en metros (Blanco, 2012, p. 36)

La expresión algebraica que explica el funcionamiento del sistema tecnológico de una central hidroeléctrica es el sustento científico de dicho sistema. Es evidente que la expresión algebraica incluye en su estructura —entre las variables y constantes— a la aceleración de la gravedad (*g*)

2.4 La Física como ciencia que explica el fenómeno de la caída libre de los cuerpos

La física es una ciencia que se encarga de explicar algunos de los fenómenos que ocurren en la naturaleza; lo hace apoyándose en algunas ciencias que forman parte de la física general, tales como: la mecánica, la hidrostática, hidrodinámica, mecánica cuántica, etc.

En general, la física como ciencia, es la ciencia natural que realiza estudios de la materia, de aquellas propiedades generales que —en primera instancia— pueden ser percibidas por los sentidos del ente que estudia: el ser humano. Un investigador de la naturaleza, desde la perspectiva de la física, lo hace a partir de datos sensoriales que le proporcionan sus sentidos de manera directa y de forma natural (el sentido de la vista, oído, olfato y el tacto). Aunque cuando los sentidos llegan a un límite, el investigador se sirve de medios artificiales que le proporciona la tecnología, tales como el telescopio, el microscopio, etc.; solo así, apoyándose en medios exógenos a su corporeidad llega a conocer fenómenos y propiedades de la naturaleza; pues los medios tecnológicos le permiten prolongar su capacidad de percepción sensorial.

En nuestra investigación, la ciencia de la física nos sirve para explicar fenómenos sobre todo mecánicos, particularmente aquellos relacionados con la acción a distancia, es decir, con el efecto que causa la fuerza de gravedad terrestre sobre los cuerpos que se encuentran en la superficie de nuestro planeta, o próximos a él; por lo tanto, nos apoyamos, básicamente, en los principios de la mecánica.

En efecto, en su condición de rama de la física general, la mecánica clásica explica el movimiento de la materia, en este caso lo hace mediante una rama de la mecánica: la dinámica; a la vez, la mecánica también explica la materia en ausencia de movimiento: la estática.

Ahora bien, los fenómenos físicos artificiales que se cumplen en el funcionamiento del mecanismo inventado serán explicados basándonos en los principios de la llamada mecánica clásica, sobre todo los principios relacionados con el fenómeno de la caída libre de los cuerpos, en la perspectiva galileana.

CAPÍTULO III

ALGUNAS BASES TEÓRICAS GALILEANAS

3.1 La caída libre de los cuerpos

La inquietud científica de Galileo estaba motivada por encontrar la verdad de un fenómeno físico, más precisamente, el científico italiano perseguía la verdad en torno al fenómeno de la caída de los cuerpos. De hecho, que, el explicar un fenómeno físico como el de la caída libre de los cuerpos fue uno de los retos científicos más importantes que asumió Galileo. La dificultad era enorme. Tengamos en cuenta que hoy en día, para estudiar de forma adecuada este tipo de movimientos es necesario recurrir a una tecnología, como la fotografía instantánea, que no existía en su época. Los objetos caen demasiado deprisa y se necesitan instrumentos de precisión para estudiarlos adecuadamente. Galileo superó esta dificultad de una forma sumamente elegante: estudió este movimiento recurriendo al plano inclinado, lo que era una forma de 'eludir la gravedad' y lograr un experimento equivalente que sí se podía estudiar. Un plano cuya inclinación sea cada vez mayor, en el límite tendrá una dirección vertical. (Corcho, 2012, p; 111)

> Galileo hizo uso de un método de medición de tiempo basado en un reloj de agua. Marcó la posición de la esfera en el plano inclinado a intervalos iguales de tiempo. A partir de estas marcas, Galileo se dio cuenta de que las distancias recorridas durante los intervalos de tiempo guardaban una proporción de números impares: 1, 3, 5, 7. Dado que las proporciones se mantenían con planos más inclinados, este mismo efecto tenía que producirse en la caída libre. El tiempo que tarda en recorrer cada unidad de espacio es 1, 3, 5, 7..., lo que significa que para recorrer el primer tramo se tarda una unidad de tiempo; al finalizar el segundo tramo se ha tardado un total de 1+3 = 4 unidades de tiempo (Corcho, 2012, p. 111)

Esta fuente describe uno de los aportes científicos que explica la caída libre de los cuerpos a causa de la fuerza de atracción terrestre; sobre el tema en referencia:

> Uno de los casos más familiares de aceleración constante se debe a la gravedad cerca de la superficie de la Tierra. Cuando un objeto cae, su velocidad inicial es cero (en el instante en que es liberado), pero un tiempo después durante la caída, tiene una velocidad que no es cero. Ha habido un cambio en la velocidad y, por definición, una aceleración. La aceleración debida a la gravedad (g) tiene un valor aproximado de 9.80 m/s^2. Se dice que los objetos en movimiento sólo bajo la influencia de la gravedad están en caída libre. La aceleración debido a la gravedad g es la aceleración constante para todos los objetos en caída libre, sin considerar su masa ni su peso (Astorga, 2010, p.43)

Algunos de los extractos que dan sustento teórico y científico a nuestra investigación de tesis los hemos tomado de la obra galileana titulada *Diálogos acerca de Dos Nuevas Ciencias*, como el que citamos a continuación:

> Por lo tanto, cuando observo que una piedra que desciende de lo alto a partir del reposo, adquiere nuevos incrementos de velocidad, ¿por qué no debo creer que tales aumentos ocurren según la más simple y obvia proporción? Ahora, si nos fijamos en ello, no encontraremos ningún aumento o incremento más simple de aquél que aumenta siempre de la misma manera. Lo que fácilmente entenderemos considerando la estrecha relación entre tiempo y movimiento[5] (Galilei, 1980, p.79)

El mismo autor, en otro apartado de su obra menciona: Llamamos movimiento uniformemente acelerado a aquél que, partiendo del reposo, va adquiriendo incrementos iguales de velocidad durante tiempos iguales (Galilei, 1945, p. 216)

TEOREMA II - PROPOSICIÓN II

Si un móvil con movimiento uniformemente acelerado desciende desde el reposo, los espacios recorridos por él en tiempos cualesquiera están entre sí

---

[5] Idioma original de la fuente: Quando, dunque, osservo che una pietra, che discende dall'alto a partire dalla quiete, acquista via via nuovi incrementi di velocità, perché non dovrei credere che tali aumenti avvengano secondo la più semplice e più ovvia proporzione? Ora, se consideriamo attentamente la cosa, non troveremo nessun aumento o incremento più semplice di quello che aumenta sempre nel medesimo modo. Il che facilmente intenderemo considerando la stretta connessione tra tempo e moto.

como la razón al cuadrado de los mismos tiempos, es decir, como los cuadrados de esos tiempos (Galilei, 1945, p. 225); en síntesis, tenemos que:

> Galileo estableció experimentalmente las leyes de la caída de los cuerpos que están en todos los puntos en oposición con la creencia peripatética. Introdujo así el concepto absolutamente nuevo de la 'aceleración'. Demostró que la velocidad de la caída de los cuerpos es igual para todos, cualquiera sea su peso; que no es proporcional al espacio recorrido sino al tiempo empleado ($v = gt$); y estableció la ley según la cual los espacios recorridos por el cuerpo cadente son proporcionales a los cuadrados de los tiempos durante los cuales han sido recorridos($s = \frac{1}{2} gt^2$). Demostró que el aire no aumenta la velocidad de la caída sino, bien al contrario, la disminuye, y que el movimiento de la caída en el vacío no sería, pues naturalmente uniforme sino naturalmente acelerado (García, 1957, p. 144)

3.2 El método científico-experimental de Galileo Galilei

Según muchos historiadores, epistemólogos y críticos de la ciencia, Galileo fue quien inició la experimentación en las ciencias, ya que él tuvo la capacidad de manipular las variables en su proceso de experimentación; y los resultados de dicha investigación los presentó expresados en lenguaje matemático; esto es, la matematización entendida como una definición operacional. En la presentación a la edición en idioma español, de la obra galileana *El Ensayador*, se menciona que

> El método que Galileo crea, el método experimental, consiste en un proceso que, como se ve, combina un carácter matemático, racionalista, con un carácter empírico. Mediante él, se trata de hacer corresponder los números con los fenómenos; se trata, en una palabra, de hacer mensurable todos los fenómenos. Sólo aquello que es posible medir posee las características de un quehacer plenamente científico, ya que combina lo matemático con lo empírico, la deducción con inducción (Galileo, 1984, p. 16)

Esto quiere decir que, si buscamos la verdad de los fenómenos naturales, las preguntas que se formulen a la naturaleza, y las respuestas que se obtengan de esas interrogantes han de estar expresadas en lenguaje matemático, tal y como afirmó el mismo Galileo Galilei en 1623:

> La filosofía está escrita en ese grandísimo libro que tenemos abierto ante los ojos, quiero decir, el universo, pero no se puede entender si antes no se aprende a entender la lengua, a conocer los caracteres en los que está escrito. Está escrito en lengua matemática y sus caracteres son triángulos, círculos, y otras figuras geométricas, sin las

> cuales es imposible entender ni una palabra; sin ellos es como girar vanamente en un oscuro laberinto (1984, p. 61)

De esta manera, el científico italiano, resaltaba la importancia de la matemática, cuando de conocer la verdad de los fenómenos naturales se trata y, a la vez, dejaba en claro que la matemática es una propiedad inherente a la naturaleza; es decir, las propiedades matemáticas son una cualidad intrínseca de los fenómenos naturales; por lo tanto, si deseamos “comunicarnos” con la naturaleza, a fin de recibir una información certera y veraz, es necesario aprender ese lenguaje no hablado propio del universo: las matemáticas, que en sí, es un tipo de lenguaje que la naturaleza lo ha “escrito”, solamente; pero que nos basta para conocer la verdad de los fenómenos. Junto a este aporte galileano, de índole racional, está la faceta experimental, es decir:

> Están sus descubrimientos concretos y está lo que se podría llamar ‘el milagro de Galileo’: el haber creado con esos materiales aún inadecuados e imperfectos un sistema nuevo y de gran conjunto, con un método nuevo de razonamiento y de experimentación, sistema y método que se prolongan y subsisten en nuestra ciencia moderna (García, 1957, p. 143)

Entonces, podemos afirmar, al igual que tantos otros investigadores, que la ciencia natural moderna nace con el científico Galileo Galilei, quien:

> no se conforma con la observación pura (teóricamente neutra) ni con la conjetura arbitraria. Galileo propone hipótesis y las pone a la prueba experimental. Funda así la dinámica moderna, primera fase de la ciencia moderna. Galileo se interesa vivamente por problemas metodológicos, gnoseológicos y ontológicos: es un científico y un filósofo y, por añadidura, un ingeniero y un artista del lenguaje (Bunge, 1976, p. 30)

CAPÍTULO IV

TRANSFORMACIÓN DE LA FUERZA DE GRAVEDAD TERRESTRE EN ENERGÍA ELÉCTRICA MEDIANTE UN SISTEMA DE RECIPIENTES

4.1 Aplicación práctica de la ley de la caída libre de los cuerpos en un sistema electromecánico

Por el principio científico referido a la ley de la preservación de la energía o primera ley de la termodinámica citada por Earls: "La energía no puede crearse ni destruirse" (2007, p.87), entonces, en el momento que entra en funcionamiento el sistema mecánico inventado, la energía proveniente de la fuerza de atracción terrestre, se transforma en energía eléctrica, principalmente, gracias a un ente mediador mecánico. Este ente mediador, es el sistema de recipientes que ha sido inventado, a fin de obtener energía eléctrica, tomando como fuente a la energía potencial gravitatoria del agua contenida en recipientes los cuales son accesorios que forman parte del sistema electromecánico, en general.

Con la finalidad de explicar los métodos y procedimientos que hemos seguido hasta llevar a cabo la aplicación práctica de la ley de la caída libre de los cuerpos en un sistema electromecánico, a continuación, presentamos los detalles básicos del proceso experimental.

4.2 Objetivos del experimento

- Transformar la energía potencial gravitatoria del agua en energía eléctrica.

- Inventar un instrumento tecnológico que permita transformar la energía potencial gravitatoria del agua en energía eléctrica.

4.3 Hipótesis del experimento

- Es posible transformar la energía potencial gravitatoria del agua en energía eléctrica.

- A partir de la invención de un instrumento mecánico es posible transformar la energía potencial gravitatoria del agua en energía eléctrica.

4.4 Variables, constantes y factores que intervienen en el experimento

4.4.1 Variables independientes

Caudal
Altura

4.4.2 Variables dependientes

Potencia mecánica
Potencia eléctrica
Peso
Velocidad lineal
Velocidad angular

4.5 Constantes

Fuerza de gravedad terrestre
Densidad del aire
Presión atmosférica

4.6 Factores intervinientes

Humedad del aire
Velocidad y dirección del viento
Temperatura ambiental

4.7 Breve descripción del sistema mecánico usado en el experimento

A efectos de ejecutar los diversos pasos y procesos experimentales, elaboramos un instrumento mecánico que, en cierta medida, cumple las funciones de una turbina hidráulica, por el hecho de que genera una propulsión que luego es transmitida al generador; dicha propulsión se genera gracias a la energía potencial del agua. Como veremos más adelante (Figura N° 2) el sistema mecánico antes mencionado en su forma, no se asemeja a ningún tipo de las turbinas convencionales, es decir, no tiene una forma circular, sino que tiene la forma de una faja cerrada en cuyos extremos hay dos poleas, es decir, se trata de una faja de transmisión que genera propulsión; por esta propulsión, el sistema de recipientes es que se asemeja a las turbinas hidráulicas en cierta medida.

Figura N° 2: *Esquema básico del invento con el que se experimentó.*

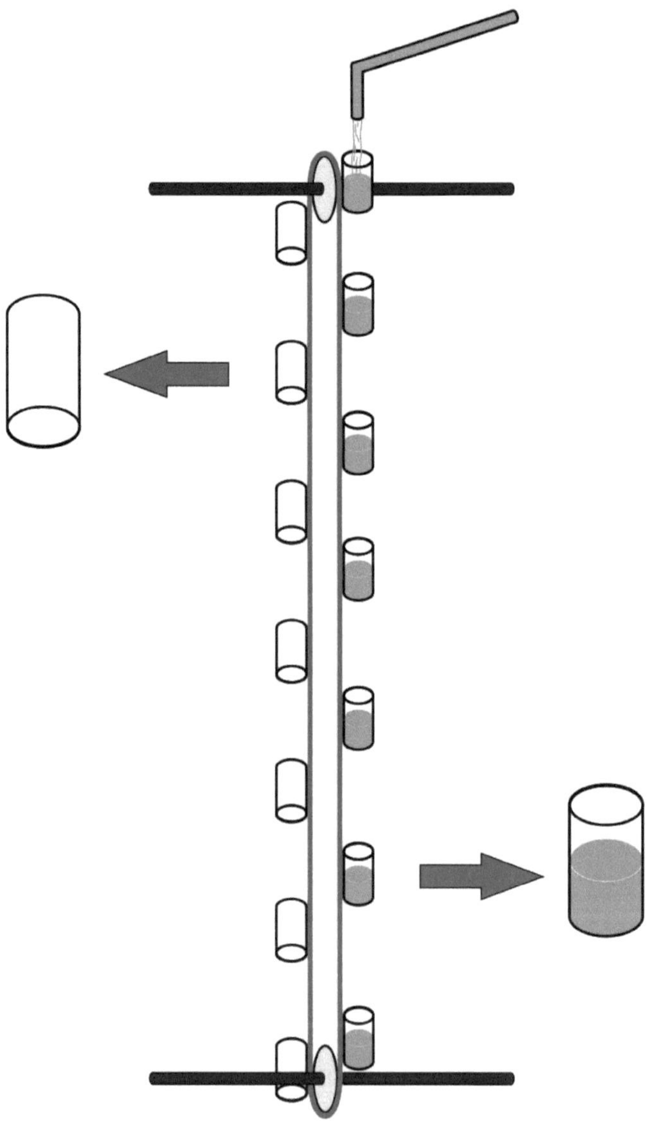

Fuente: *Elaboración propia.*

La forma del invento que apreciamos en la figura N° 2 se elaboró con fines didácticos, puesto que en la experimentación utilicemos 48 recipientes (en esta etapa: vasos) acoplados una faja cerrada; como podemos apreciar en la figura, los vasos ubicados a la derecha contienen agua, entonces, por su peso y, debido al efecto de la gravedad, genera la propulsión en la faja, haciendo girar, de inmediato, a las dos poleas y, con ello, entran en funcionamiento los demás accesorios del sistema electromecánico, incluido el generador.

Entonces, en el experimento, tenemos 24 recipientes vacíos en un lado de la faja y, 24 llenos en el otro, generando, así, movimientos lineales y circulares constantes observados en la faja y las dos poleas sobre las cuales circula la faja.

En cuanto al vínculo de los parámetros científicos con los tecnológicos, es la faja el accesorio mecánico que transmite la fuerza de gravedad hacia el generador a través de los ejes, las poleas y una correa de transmisión más pequeña como se ve en la fotografía siguiente:

Foto N°8: *Accesorios electromecánicos usados en el experimento.*

Fuente: *Elaboración propia.*

VALORES DE LAS VARIABLES QUE PERTENECEN AL SISTEMA MECÁNICO EN EL EXPERIMENTO.

Altura (en metros)	**8,56**
Volumen (L/min)	**10,757**

VALORES DE VARIABLES QUE PERTENECEN AL GENERADOR EN EL EXPERIMENTO.

Variables	Según el fabricante	**En el experimento**
Volt DC	12	**11,56**
rpm	420	**450**

Veamos algunas cifras sobre la medición de variables dependientes, típicas del generador:

Foto N° 9: *Instrumentos de recojo de datos experimentales.*

Fuente: *Elaboración propia.*

Los datos que nos proporcionan los instrumentos son:

Voltaje AC	10,27
Voltaje DC	12,00
rpm	490

Foto N° 10: *Casa en la que instalamos los diversos accesorios electromecánicos, necesarios para realizar los experimentos.*

Fuente: *Elaboración propia.*

4.8 Conclusiones del experimento

PRIMERA: Al utilizar una faja como medio de transmisión de la energía potencial gravitatoria, con un caudal de 10, 757 L/min, a una altura de 8,56m, hemos logrado obtener 11, 56 voltios DC.

SEGUNDA: Al hacer uso de un instrumento tecnológico inventado es posible transformar la energía potencial gravitatoria del agua en energía eléctrica.

4.9 Patente de modelo de utilidad: "Sistema de recipientes para generación de energía eléctrica"

Como hemos mencionado en diferentes apartados precedentes, la presente investigación de tesis describe y explica los métodos y procesos que posibilitaron la aplicación de la ley de la caída libre de los cuerpos en un sistema electromecánico, el mismo que, con un cierto caudal y a una altura adecuada, permitió la generación de energía eléctrica.

4.9.1 Antecedentes de la patente

Para obtener una ley científica que explique la caída libre de los cuerpos, Galileo —entre otros dispositivos mecánicos— usó el plano inclinado; en nuestro caso usamos, básicamente, un sistema de recipientes con la finalidad de obtener energía eléctrica; sin embargo, como toda investigación, debió de pasar por diversos procesos, entre ellos los procesos experimentales, fue por eso que en un inició se utilizó un sistema mecánico que, si bien no reunió las características técnicas y legales para ser patentada (ver figura N° 2); sin embargo, dicho prototipo sirvió para realizar diferentes etapas experimentales *in situ*, algunos de cuyos resultados ya los hemos expuesto en los acápites anteriores de esta investigación.

FORTALEZA TÉCNICA DEL PROTOTIPO: Permitió comprobar que es posible generar energía eléctrica con alturas y caudales con los que otras tecnologías no funcionan, específicamente las turbinas del tipo Pelton.

DEBILIDAD TÉCNICA: Se usó una faja como medio mecánico para generar la propulsión y sobre de ésta se acopló una sola columna de recipientes; por otro lado, en el momento del accionamiento de todo el sistema electromecánico, el agua hacía contacto con la faja y las poleas sobre las cuales circulaba dicha faja, por lo que su durabilidad era de corto periodo, además perdía tensión.

DEBILIDAD TÉCNICO-ADMINISTRATIVA: Al hacer la búsqueda sobre prototipos semejantes con miras a la patentabilidad, los especialistas concluyeron que no cumplía con el requisito de novedad (ver anexo N° 8)

4.9.2 Patente: "Sistema de recipientes para generación de energía eléctrica"

Con la finalidad de mejorar el prototipo que sirvió para desarrollar los diversos procesos experimentales, se realizaron diferentes mejoras técnicas, que resultaron ser significativas.

FORTALEZAS TÉCNICAS DEL PROTOTIPO PATENTADO: La innovación fue tal que el nuevo prototipo presentaba más de una columna de recipientes, es decir, en el nuevo prototipo se presentaron mínimamente dos columnas de recipientes, tal y como se observa a continuación:

Figura N° 3: *Esquema básico del sistema de recipientes.*

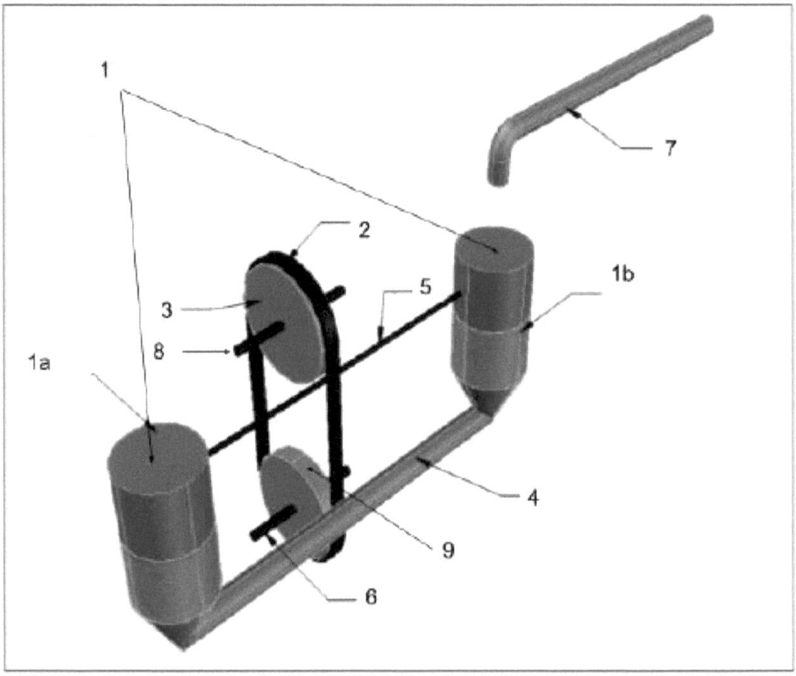

Fuente: *Indecopi.*

El hecho de disponer de dos columnas de envases hace posible la acumulación de mayor cantidad de agua por cada unidad de tiempo, aumentando significativamente la potencia mecánica y, con ello, la potencia eléctrica, también.

Cabe precisar que el sistema mecánico referido a nuestra invención permite obtener una mayor potencia con relación a las turbinas convencionales; es decir, con el mismo caudal y la misma altura, el sistema electromecánico que utiliza la cadena y recipientes permite obtener una mayor potencia mecánica y, con ello, una mayor potencia eléctrica, pues funciona con un caudal muy reducido del orden de 10^{-4} m^3/s, con relación a las turbinas convencionales. Acotemos que las turbinas hidráulicas presentan algunos límites técnicos, como, por ejemplo, el referido al volumen necesario para que funcionen con eficiencia; por citar el de la turbina más usada, la Pelton, trabaja a un caudal mínimo de 5×10^{-2} m^3/s.

Para una mayor eficacia y durabilidad de los accesorios mecánicos, se descartó el uso de la faja para ser reemplazada por una cadena de acero usada em tecnología industrial tal y como se muestra en la foto N° 11, en la misma que se observa la maqueta que la expusimos en el XVII Concurso Nacional de Invenciones y Diseños Industriales, organizado por Indecopi, en noviembre del 2018, en cuyo evento fue expuesta nuestra invención representando a la Universidad Nacional Mayor de San Marcos.

Foto N° 11: *Maqueta en la que observamos las dos cadenas y tres columnas de recipientes.*

Fuente: *Elaboración propia.*

Sin duda, el uso de cadenas hace posible una mayor resistencia al peso, además de una mayor durabilidad del sistema mecánico, a la vez, hace posible la obtención de una más alta potencia. Asimismo, como podemos apreciar en la imagen de la maqueta, la modificación, presenta otras ventajas adicionales a las anteriores: se puede usar dos, tres, cuatro, o más columnas de recipientes hecho que permite aumentar considerablemente la potencia mecánica.

Figura N° 4: *Comparación gráfica.*

Fuente: *Indecopi.*

Otra ventaja que podemos destacar es que el prototipo patentado permite que los recipientes estén ubicados a una distancia estratégica de la cadena, y el ingreso del agua es tan solo por uno de ellos, desde el cual se distribuye a los otros recipientes por el principio de vasos comunicantes. La distancia entre los recipientes y las cadenas, en este caso, permite que el agua no contacte ni con las poleas ni con las cadenas lo que favorece el proceso de lubricación y, con ello, la durabilidad del sistema mecánico está garantizado.

DEBILIDAD CIENTÍFICO-EXPERIMENTAL: Si bien hemos obtenido éxito en el proceso de patentabilidad, es preciso aclarar que aún no hemos realizado procesos experimentales *in situ* con el prototipo patentado. Siguiendo las normas sobre propiedad intelectual de la UNMSM, y con objetivos científicos, esperamos que en el más breve plazo podamos realizar las diferentes etapas experimentales y, luego su aplicación con fines de alcanzar el bienestar social de aquellas poblaciones ubicadas en lugares donde existan las condiciones técnicas básicas para la aplicación de esta tecnología.

4.9.3 Obtención de la patente

Una vez que presentamos el documento técnico acerca del sistema mecánico inventado ante la instancia correspondiente del Indecopi, tras una exhaustiva evaluación los evaluadores concluyeron que el invento, sí cumple con los requisitos de carácter técnico-administrativo, como superar el examen de patentabilidad y superar reporte de búsqueda, (ver ANEXOS: 5 y 6), siendo uno de los resultados de la evaluación la siguiente comparación gráfica:

Figura N° 5: *Comparación gráfica.*

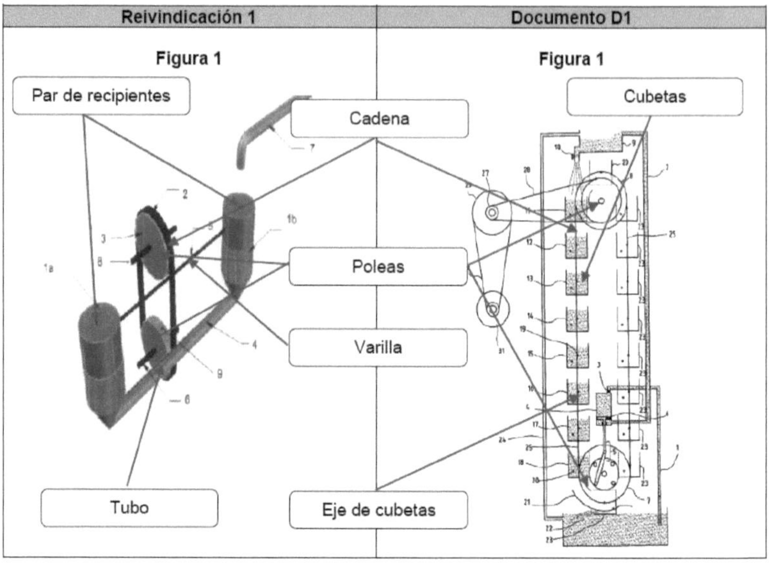

Fuente: *Indecopi.*

Después de un poco más de dos años de trámites administrativos, el Indecopi nos otorgó la patente con fecha 05-11-2020 (ver anexo N° 7)

La información técnica y científica de dicho invento lo encontramos detallada en el documento que se redactó siguiendo las normas establecidas por el Indecopi, el cual tiene la denominación legal de *Documento Técnico*, este documento se elaboró y presentó ante el Indecopi, como parte del proceso de registro de la propiedad intelectual de la innovación tecnológica en referencia.

Con la finalidad de presentar los detalles técnicos y científicos de la invención hemos creído conveniente que es indispensable adjuntar a la presente investigación de tesis el mismo *Documento Técnico* que fue presentado ante el Indecopi (ver ANEXO N°1); por lo tanto, en este apartado nos limitamos a presentar un resumen, el mismo que también está contenido en el documento apenas mencionado:

> Se sabe que la tecnología que permite producir la hidroenergía, generalmente, lo constituyen los diversos tipos de turbinas; sin embargo, éstas operan a alturas y con caudales determinados, es decir, tienen un límite. Para superar estos inconvenientes, se han ideado otras formas de aprovechar la energía potencial del agua; entre estas formas tenemos las máquinas que permiten aprovechar la energía potencial del agua mediante el uso de dos poleas unidas, ya sea por cables, fajas o cadenas sin fin, en los tres casos, con cubos o recipientes acoplados sobre las fajas, cables o cadenas. El inconveniente es que el periodo de durabilidad de los accesorios mecánicos mencionados, es corto, principalmente, porque el agua está en permanente contacto con estos elementos mecánicos, sobre todo con las poleas y las fajas, cables y cadenas, según sea el caso. Ante esta situación se hizo una innovación tecnológica, que se refiere al uso de poleas con una cadena, sobre la cual van acoplados al menos un par de recipientes a cada lado de la cadena; es decir, un par cargado con agua y el otro, vacío. Cada recipiente se encuentra ubicado a una distancia de la parte lateral de la cadena, de tal manera que en el momento que se produce la carga y descarga del agua, ésta no hace contacto, ni con las poleas, ni con la cadena, propiciando, así, la posibilidad de lubricar la cadena y las poleas, lo que implica que los accesorios en referencia tengan un periodo de vida útil más prolongado. En el caso de que se disponga de grandes caudales, es posible acoplar una segunda cadena, y con ello, se puede acoplar tres recipientes, este hecho permite acumular mayor cantidad de agua, por cada unidad de tiempo y de distancia, lo que implica el incremento de la potencia mecánica (UNMSM, 2018, p. 13)

CONCLUSIONES DE LA INVESTIGACIÓN DE TESIS

PRIMERA: Después de haber realizado un análisis teórico y experimental vinculado con el fenómeno de atracción terrestre, podemos afirmar que el experimento de la caída libre de los cuerpos es susceptible de cambiar de finalidad; nuestro estudio confirma que la teleología de este experimento se bifurca, cada vez que algún científico, tecnólogo o inventor encuentra una aplicación adicional a los ya conocidos.

SEGUNDA: En vista de que hemos sido los promotores de una aplicación tecnológica más de la ley de la caída de los cuerpos, hipotizamos que hay otras muchas aplicaciones tecnológicas y científicas que podrían solucionar ciertos problemas que aquejan a la sociedad; pero esas hipotéticas aplicaciones, aún no son descubiertas, por lo tanto, no sabemos con certeza cuáles ni cuántas son, ni en qué momento van a ser descubiertas y puestas en práctica.

TERCERA: La aplicación de la ley de la caída libre de los cuerpos, aplicación de la cual hemos sido gestores, en el devenir del tiempo, no es la única ni la última, pero sí es un ejemplo patético del cambio de teleología del experimento de la caída libre de los cuerpos, esto es, es una bifurcación más de la teleología hecha realidad en un tiempo, y espacio en el que se encuadra esta investigación de tesis; asimismo, esta bifurcación constituye una alternativa de soluciona de un problema social.

CUARTA: La explicación del proceso de generación de energía eléctrica, tomando como fuente a la masa del agua en caída, científicamente, depende de la ley de la caída libre descubierta por Galileo Galilei.

QUINTA: Galileo Galilei utilizó el plano inclinado para solucionar un problema científico; en cambio, en nuestro caso, usamos una cadena, poleas y recipientes, para aplicar la ley de la caída libre de los cuerpos, para obtener un beneficio social.

SEXTA: La interacción *Homo sapiens sapiens*-fuerza de gravedad terrestre, se ha dado desde siempre a nivel técnico, científico y tecnológico; ya sea para enfrentar a la fuerza de gravedad terrestre o para sacar algún provecho de ella.

SÉPTIMA: El territorio peruano presenta algunas condiciones orográficas en las que se pueden instalar cierto tipo de tecnologías hidráulicas a fin de solucionar ciertos problemas de índole social.

OCTAVA: Galileo Galilei cumplió con su deber de descubrir la ley de la caída libre de los cuerpos; nuestro deber es descubrir sus aplicaciones, en el mayor número posible.

REFERENCIAS BIBLIOGRÁFICAS

Astorga, M. (2010) *Modelo de Galileo de plano inclinado para la enseñanza de la cinemática* (Tesis de maestría) Centro de Investigación en Materiales Avanzados, S.C. Juárez.

Blanco, E. (2012) *Estimación de la potencia eléctrica teórica disponible en Río Copinula*, Jujutla, Ahuachapán. Recuperado el 29 de enero de 2020, de:http://www.redicces.org.sv/jspui/bitstream/10972/1971/1/2-estimacion-de-la-potencia-electrica-teorica-disponible-en-rio-copinula-jujutla-ahuachapan.pdf

Bunge, M. (1972) *La investigación científica.* Barcelona, Ariel

-------------- (1976) *Epistemología.* Barcelona, Ariel.

-------------- (2012) *Filosofía de la tecnología y otros ensayos.* Lima, Fondo editorial de la UIGV

-------------- (2001) ¿Qué es filosofar científicamente?. Lima, Fondo editorial de la UIGV

COP25 (2019) *COP25 Chile - Madrid 2019.* Recuperado el 22 de enero de 2020, de https://noticiasibex35.com/energia/cop-25/

Corcho, R. (2012) *La naturaleza se escribe con fórmulas.* Navarra, EDITEC

Deza (2012) *Cajamarca, Cumbemayo, el Camino del Agua.* Lima, UAP.

Earls, J. (2006) *La agricultura andina ante una globalización en desplome.* Lima, PUCP

------------- (2007) *Introducción a la teoría de sistemas complejos.* Lima, PUCP

Echeverría, J. (1999), *Introducción a la metodología de la ciencia. La filosofía de la ciencia en el siglo XX*, Madrid, Gráficas Rogar S.A.

Fernández, (2012) *¡Eureka! El placer de la invención*. España, EDITEC

Galileo, G. (1984) *El Ensayador*, Madrid, SARPE.

-------------- (1945), *Diálogos Acerca de Dos Nuevas Ciencias,* Buenos Aires, Editorial Losada

-------------- (1980) *Discorsi e dimostrazioni matematiche intorno a due nuove scienze* (Discursos y demostraciones matemáticas en torno a dos nuevas ciencias.) Italia, UTET

García, E. (1957) *Historia de la física.* Buenos Aires, Editorial Nova

Guevara, A. (2017), *La caduta dei gravi: dal movimento locale alla gravitazione universale* [La caída de los cuerpos: del movimiento local a la gravitación universal] (Tesis de maestría). Universidad de Florencia. Italia

INDECOPI (2020) *¿Quiénes somos?*. Recuperado el 22 de enero de 2020, de https://www.indecopi.gob.pe/quienes-somos

Piscoya, L. (1999), *Filosofía.* Lima, Metrocolor

--------------- (2007) *Lógica General.* Lima. Vicerrectorado académico UNMSM

Quintanilla, M. (2005), *Filosofía de la tecnología.* Lima, Fondo editorial de la UIGV

Soluciones Prácticas (2012) *Micro centrales Hidroeléctricas.* Lima, Soluciones Prácticas

UNMSM (2018) *Reglamento de Propiedad Intelectual de la Universidad Nacional Mayor de San Marcos.* Lima, VRIP UNMSM

------------(2018) *Sistema de Recipientes para Generación de Energía Eléctrica* (Documento técnico) Lima, UNMSM

Vollmer, G. (2005), *Teoría evolucionista del conocimiento.* Madrid, Editorial Comares

ANEXOS

ANEXO N° 1

SISTEMA DE RECIPIENTES PARA GENERACION DE ENERGIA ELECTRICA

Campo de la Invención

La presente invención se enmarca en el campo técnico de las máquinas que convierten la energía potencial gravitatoria del agua en energía eléctrica, utilizando un sistema de recipientes dispuestos sobre una cadena, en cuyos recipientes se acumula el agua proveniente de una fuente alimentadora.

Antecedentes de la Invención

Existen diferentes tipos de máquinas que convierten la energía potencial del agua en energía eléctrica como las turbinas hidráulicas que, dependiendo de la altura y del volumen, se utilizan para generar hidroenergía, en un rango que va desde las denominadas pico centrales hasta las grandes centrales hidroeléctricas.

Las turbinas hidráulicas presentan algunos límites técnicos, como por ejemplo, el referido al volumen necesario para que funcionen con eficiencia; por citar el de la turbina más usada, la pelton, trabaja a un caudal mínimo de 5×10^{-2} m^3/s. Además, la potencia mecánica depende de la presión hidrostática, a su vez, el impacto del agua es con un solo punto tangencial de la circunferencia de la turbina por lo tanto es momentáneo.

Al respecto, la presente invención permite generar electricidad con un caudal muy reducido porque la propulsión se genera por efecto del peso del agua acumulada en los recipientes, por lo tanto, el peso del agua ejerce una fuerza constante, a través de la cadena, sobre parte de las circunferencias de las poleas, esta fuerza se conserva, desde que el momento en que los recipientes se cargan en el momento que giran sobre la polea ubicada en la parte superior hasta el momento en que se produce la descarga en la polea inferior. Adicionalmente la presente invención genera electricidad con un caudal muy reducido del orden de 10^{-4} m^3/s, lo que significa un caudal muy bajo en relación a la turbina pelton; a su vez, en cuanto se refiere a la altura, el presente invento funciona con eficiencia a bajas alturas; así tenemos que al menos funciona con una distancia aproximada de un milímetro de distancia entre las circunferencias de las dos poleas sobre las cuales gira la cadena, lo que permite el funcionamiento eficiente de la invención a bajas alturas.

Anteriormente, el equipo de investigación conformado por docentes y estudiantes de la Universidad Nacional Mayor de San Marcos, en el año 2012 desarrolló una máquina con dos poleas, recipientes y fajas y/o cables que funcionó con los siguientes parámetros: altura de 8.5 m y caudal de 11 l/m, dicha máquina logró accionar un generador con las siguientes características: 12 voltios, 420 rpm, 330W con una eficiencia de 70%, lo que significa haber superado los límites referidos a la relación entre la altura y el caudal necesarios para que funcionen las turbinas convencionales, como por ejemplo, la turbina pelton. Dicha máquina utiliza como elemento mecánico propulsor una faja o cables de driza, sobre cuyos accesorios se adhieren los recipientes; aparte de su corto periodo de vida útil de la faja, poleas y recipientes; la faja, pierde tensión en cuestión de días; al respecto, la presente invención utiliza una cadena de acero en vez de fajas o cables la cual evita la pérdida de tensión a corto plazo y, a la vez, puede trabajar con volúmenes de agua más elevados.

Al respecto, el documento KR20100034129 describe un sistema micro hidroeléctrico de baja altura que impulsa un generador mediante el movimiento de una pluralidad de cubos ubicados en una rueda dentada que se conecta al eje del generador.

Este sistema presenta un inconveniente, ya que el centro de gravedad del recipiente al estar a una cierta distancia de la cadena y al frente de ésta, la fuerza total del peso del recipiente, no se transmite en su totalidad hacia el punto tangencial de la polea ubicada en la parte superior, por lo tanto, al realizar la descomposición de fuerzas, según el diagrama de cuerpo libre de las fuerzas intervinientes, se observa un vector en dirección horizontal.

Sin embargo la presente invención presenta una ventaja ya que el centro de gravedad del par de recipientes coincide con los puntos tangenciales de las polea superior e inferior; dichos puntos son en donde concurren la circunferencia de las poleas y la cadena; por lo que es posible que los recipientes se carguen de agua en la totalidad de su capacidad volumétrica, y, además, ya que el centro de gravedad del par de recipientes coincide tangencialmente con la circunferencia de la polea, la fuerza generada por el peso, es transmitida en su totalidad hacia el punto tangencial en el que concurren la cadena y la polea ubicada en la parte superior. Por lo tanto al hacer la descomposición de fuerzas según el diagrama de cuerpo libre, no se observa ninguna fuerza en dirección horizontal, por lo tanto, el cien por ciento de la fuerza del peso se transmite a la cadena.

El documento WO2013036001, describe un sistema generador de energía que comprende una rueda superior y una rueda inferior formando una línea perpendicular con respecto al suelo, un carril que circula alrededor de la rueda superior y la rueda inferior, y una pluralidad de cubos fijados a intervalos uniformes en el carril; un rotor que tiene una pluralidad de dientes fijados en una superficie exterior del mismo a intervalos uniformes e instalados en acoplamiento con las barras de las cubetas; y un fluido suministrado a las cubetas para ejercer energía potencial en el sistema, donde la energía del fluido se usa para aumentar la fuerza de rotación del rotor que permite generar energía eléctrica.

Este sistema presenta un inconveniente puesto que el agua está en contacto directo con las poleas y el carril, además, el centro de gravedad de los cubos no coincide con la circunferencia de la rueda o polea, por lo que un porcentaje de la fuerza del peso del recipiente no se transmite hacia la polea ubicada en la parte superior.

Por lo expuesto, resulta necesario proveer un sistema que supere los problemas presentados por los antecedentes antes mencionados.

Descripción de la Invención

Con la finalidad de resolver los problemas antes mencionados, se ha ideado un sistema de recipientes que permite transformar la energía potencial del agua en energía mecánica, para luego ser transformada en energía eléctrica mediante un sistema electromecánico. La transformación de energía ocurre a partir del momento en el que la fuerza del peso del agua genera la propulsión que, mediante una cadena, se transmite a una polea superior, cuyo eje está interconectado con un sistema de ejes y poleas que aumentan la velocidad que, en conjunto, hacen girar al rotor del generador.

La máquina en referencia comprende un sistema de recipientes con al menos dos pares de recipientes interconectados mediante una varilla en la parte superior, y un tubo en la parte inferior, este tubo permite que el agua fluya por los recipientes según el principio de vasos comunicantes, por lo que el agua es distribuida entre los recipientes equitativamente; dicho principio establece que si en varios recipientes comunicantes se vierte un líquido homogéneo y se deja en reposo, en breve, se observa que en todos los vasos el líquido alcanza al mismo nivel, independientemente de la forma o de la capacidad volumétrica de los recipientes.

Cada conjunto de recipientes interconectados presenta al menos un par de recipientes los mismos que se interconectan entre sí, mediante un tubo en la parte inferior de éstos y una varilla en la parte superior como medio de soporte. Según las características de los parámetros físicos determinantes, tales como el volumen y la altura; los recipientes pueden ser de diferentes capacidades volumétricas, pero en todos los casos, cada uno de los recipientes está hecho, preferentemente, de fibra de vidrio y tiene una forma aerodinámica que le permite romper la resistencia del aire con más facilidad y, con ello, aumentar la potencia mecánica de la máquina. El tubo se conecta con cada recipiente por la parte inferior, en puntos que coinciden con los extremos del diámetro de cada recipiente, mientras que la varilla atraviesa por la parte superior a los recipientes, cercano a la boca de cada recipiente en puntos que coinciden con los puntos extremos del diámetro de cada recipiente. Las dimensiones y tipo de materiales de estos dos elementos de interconexión dependen del volumen y altura disponibles. En el caso de la varilla, preferentemente, es de acero inoxidable, para evitar la corrosión y, a la vez, resistir el peso de los recipientes a los que sostiene y, con respecto al tubo, preferentemente, es de polietileno y no es afectado significativamente por el peso, ya que se ubica en la parte inferior de los recipientes cargados de agua.

La acumulación de la masa, mediante el sistema de recipientes, permite que el agua ingrese solamente por uno de los recipientes, desde dicho recipiente el agua será transmitida hacia los demás recipientes interconectados, esto permite que la distribución del agua sea equitativa y, por ende, el peso de cada recipiente sea igual.

Este tipo interconexión y distribución de los recipientes, permite que los recipientes sean ubicados en la parte lateral de la cadena a una distancia estratégica, logrando, así, que el agua no haga contacto ni con la cadena ni con las poleas, de tal manera que el sistema mecánico ofrece una mayor durabilidad, evitando, así, un desgaste acelerado y, a la vez, al no contactar el agua con la cadena ni con las poleas, facilita el proceso de lubricación.

El sistema presenta al menos una cadena cerrada del tipo sin fin, preferentemente hecha de acero, que puede ser, en cuanto a su estructura, del tipo: simple, doble, triple, etc, y, en cuanto a su tamaño, puede ser corta o extensa, dependiendo del caudal y la altura. Además, el sistema presenta al menos, dos poleas de acero con engranajes en su circunferencia, sus dimensiones dependen de la altura y el caudal disponible. Sobre estas dos poleas circula la cadena.

En la mencionada cadena se acoplan los recipientes interconectados, ubicados en la parte lateral de ésta, de tal manera que los centros de gravedad de cada recipiente se alinean horizontalmente con la cadena y, por ende, también se alinea verticalmente con el punto de tangencia de la cadena con las poleas, al descender y ascender; este hecho permite que la fuerza total producida por el peso se transmita en su totalidad a las poleas y, desde éstas, hacia el sistema electromecánico de generación de energía eléctrica.

La propulsión se inicia en el momento que una cantidad suficiente de agua, mediante un tubo de alimentación, es depositada en los recipientes adheridos a la cadena, la fuerza de gravedad que ejerce la Tierra sobre cada recipiente se transmite a la cadena, entonces la cadena gira sobre dos poleas dentadas que están ubicadas una al extremo de la otra y separadas perpendicularmente; la propulsión generada por el peso del agua es transmitida, finalmente, a las dos poleas, y es la polea superior la que hace girar al eje del rotor del generador.

Los recipientes interconectados, están fijados a la cadena cerrada, de tal manera que en un lado de la cadena, los recipientes mantienen sus bocas hacia arriba y descienden al ser cargados con agua; mientras que en el lado opuesto de la cadena, los recipientes mantienen una posición con sus bocas hacia abajo, pues están vacíos y ascienden hasta la polea superior para volver a ser cargados otra vez, y así, sucesivamente, siempre que la fuente alimentadora de agua sea constante. Como ya se ha mencionado líneas arriba, el sistema de recipientes interconectados permite transmitir la fuerza total del peso hacia la cadena y con ello a las poleas; por otro lado, el uso del sistema de vasos comunicantes hace posible de que, en el momento de la carga y descarga de los recipientes, el agua no haga contacto ni con las cadenas ni con las poleas; además, ya que el agua se acumula en los recipientes ubicados en las partes laterales de la cadena, el sistema de recipientes permite obtener una mayor capacidad volumétrica por cada unidad de distancia y por cada unidad de tiempo, lo que permite generar una mayor potencia mecánica y, por ende, eléctrica.

Todo este sistema mecánico, de cierto modo, hace las funciones de una turbina a reacción; ya que la propulsión emana del peso de la masa contenida en los recipientes, éstos, a su vez, atraídos por la fuerza de gravedad terrestre, hacen que la cadena ejerza una fuerza tangencial sobre las dos poleas que se encuentran en los extremos; a su vez las poleas transmiten el movimiento circular al generador, mediante el eje de la polea superior, cuyos extremos descansan sobre sus respectivos cojinetes que están acoplados a una base que puede ser de madera y/o metal.

El sistema mecánico referido a la presente invención, permite obtener una mayor potencia en relación a las turbinas convencionales; es decir, con el mismo caudal y la misma altura, el sistema electromecánico que utiliza la cadena y recipientes, permite obtener una mayor potencia mecánica y, con ello, una mayor potencia eléctrica, pues funciona con un caudal muy reducido del orden de 10^{-4} m^3/s, en relación a los antecedentes mencionados.

En cuanto se refiere a los recipientes, éstos están ubicados a una distancia estratégica y en la parte lateral de la cadena, además, están acoplados a la cadena en el punto céntrico de la varilla y del tubo que interconectan a los recipientes, de tal manera que haya una distribución equitativa del agua entre los recipientes para que se dé un equilibrio entre ellos, esto permite que en el momento de la carga y descarga del agua, ésta no haga contacto ni con la cadena ni con los engranajes de las dos poleas; de esta manera, de un lado, se evita que el agua ocasione un desgaste rápido de la cadena y, de otro lado, permite que la cadena y las poleas y sus respectivos engranajes conserven su lubricación según las especificaciones técnicas del fabricante, garantizando, así, el periodo de vida útil de todo el sistema mecánico de la máquina.

El centro de gravedad del par de recipientes coincide con el punto tangencial en donde concurren la cadena y las poleas, hecho que permite que el sistema funcione con más eficiencia; por lo que es posible que los recipientes se carguen de agua en la totalidad de su capacidad volumétrica. La fuerza generada por el peso, es transmitida a la faja y, por ende, a la polea ubicada en la parte superior, sobretodo; cabe precisar que el eje de esta polea superior es el que acciona el sistema de transmisión que pone a funcionar al generador.

El presente sistema está diseñado, de manera tal que, el agua no hace contacto ni con las poleas ni con la cadena, hecho que garantiza el periodo de vida útil de la cadena y de las poleas; además, el centro de gravedad del par de recipientes coincide tangencialmente con la circunferencia de la polea superior e inferior, lo que permite que el sistema funcione con mayor eficiencia.

Es pertinente aclarar que, según ciertos parámetros técnicos, es posible acoplar otra cadena paralela a la existente, este procedimiento es aconsejable cuando se disponga de un caudal que no puede ser aprovechado por los recipientes acoplados a una sola cadena, sobre la cual se encuentra distribuidos los pares de recipientes. El hecho de acoplar una segunda cadena permite aprovechar un caudal más elevado, por lo tanto, se obtiene un mayor peso, lo que significa una mayor potencia, ya que el peso del agua se acumula, ya no en dos recipientes, sino en tres recipientes. Al respecto, este tercer recipiente nos indica que la fuerza del peso del agua se distribuye entre las dos cadenas y en los tres recipientes, esta distribución de fuerzas es beneficioso para la durabilidad del sistema mecánico, y, a la vez, no afecta el rendimiento del sistema, pues los recipientes, en su conjunto, generan una sumatoria de fuerzas que hacen posible el giro de las poleas y, por ende, del generador también. Además, el uso de una segunda cadena y un tercer recipiente permiten acumular mayor cantidad de masa por cada unidad de distancia y por cada unidad de tiempo. En este caso los tres recipientes se alinean horizontalmente entre sí y a su vez el centro de gravedad de cada recipiente se alinea horizontalmente con la cadena.

Descripción de las Figuras

FIGURA N° 1: Muestra una vista isométrica del sistema de recipientes para generación de energía eléctrica que comprende un sistema de recipientes (1), unos recipientes (1a y 1b), una cadena (2), una polea superior (3), un tubo (4), una varilla (5), un eje inferior (6), un tubo de alimentación (7), un eje superior (8), una polea inferior (9).

FIGURA N° 2: Muestra una vista frontal del sistema de recipientes para generación de energía eléctrica donde se muestra todos los elementos anteriormente mencionados.

FIGURA N° 3: Muestra una vista lateral derecha del sistema de recipientes para generación de energía eléctrica donde se muestra todos los elementos anteriormente mencionados.

FIGURA N° 4: Muestra una vista isométrica del sistema de recipientes para generación de energía eléctrica que comprende: un sistema de recipientes (1), unos recipientes (1a,1b y 1c), unas cadenas (2a y 2b) y todos los elementos anteriormente mencionados.

Realización Preferente de la Invención

Como se muestra en la figura 1, la máquina generadora de energía eléctrica presenta un sistema de recipientes (1) que comprende un recipiente (1a) unido mediante un tubo (4) ubicado en la parte inferior central del recipiente a otro recipiente (1b). Adicional a ello, una varilla (5) que une a ambos recipientes (1a y 1b) por la parte lateral central superior de ambos. La varilla (5) se encuentra acoplada a una cadena (2) mediante un tornillo de sujeción sobre la curva de un accesorio en forma de "U", donde cada uno de los extremos está soldado a un eslabón de la cadena (2), respectivamente siendo el punto de acople el centro de la varilla (5) y del tubo (4).

La cadena (2) une la polea superior (3) con la polea inferior (9) que se encuentran alineadas y separadas verticalmente, una respecto de la otra, y con sus ejes (6 y 8) en paralelo; los extremos de dichos ejes, descansan sobre sus respectivos rodamientos que están acoplados a una base que puede ser de madera y/o metal.

Las dos poleas (3 y 9), fijas sobre su respectivo eje, giran en un solo sentido, la polea superior (3) se fija a su respectivo eje superior (8) y la polea inferior (9) se fija a su respectivo eje inferior (6).

Como se muestra en las figuras, el invento funciona de la siguiente manera: una fuente alimentadora como un caudal, acorde con el diseño mecánico de la máquina, ingresa por un tubo de alimentación (7) que desemboca directamente sobre un recipiente (1b), el cual está conectado mediante un tubo (4) a otro recipiente (1a), produciéndose, de esta manera, un equilibrio del agua entre estos dos recipientes.

Según la altura y el caudal disponibles, cuando es necesario, un conjunto de recipientes interconectados se acopla sobre una cadena (2), de tal manera que, mediante el peso acumulado en los recipientes (1a y 1b), se transmite mayor potencia a la cadena (2) que, a su vez, transmite dicha potencia a la polea superior (3) y polea inferior (9) y, con ello, a sus ejes respectivos, eje superior (8) y eje inferior (6). En el caso de la polea superior (3), su eje superior (8) está conectado a un sistema mecánico amplificador de revoluciones que acciona a un generador de energía eléctrica. Es importante precisar que la potencia mecánica generada por la máquina está en concordancia con la potencia nominal del generador, según lo especifican los datos proporcionados por el fabricante.

La propulsión se inicia cuando el alimentador provee de una cantidad suficiente de agua a los dos recipientes (1a y 1b), enseguida, por efectos de la gravedad terrestre, éstos tienden a descender, generando, de esta manera, la propulsión. Cada par de recipientes (1) vierte el agua en el momento que gira sobre la polea inferior (9), momento a partir del cual los recipientes (1a y 1b) ascienden vacíos para ser cargados otra vez, apenas giran sobre la polea superior (3), formándose, así, un circuito constante. Cabe destacar que el volumen del agua es directamente proporcional a la potencia del sistema; la misma relación de proporcionalidad se establece respecto a la altura.

Como se muestra en la figura 4, el dispositivo generador de energía, también funciona sin inconvenientes acoplando otra cadena (2b) ubicada de forma paralela a la cadena (2a) precedente, por lo tanto, si bien la máquina puede funcionar al menos con una cadena con caudales y alturas inferiores a los de una turbina convencional, también puede funcionar con caudales iguales o superiores a las alturas y caudales de una micro central, por ejemplo; para lo cual, es suficiente con colocar otra cadena (2b), paralela y con la misma dimensión de la otra cadena (2a) sobre las cuales se acoplan sus respectivos recipientes (1a, 1c y 1b), estos recipientes tienen una ubicación paralela a las cadenas (2a y 2b); cada cadena une a dos poleas de la misma dimensión en cada extremo, estas poleas se encuentran fijadas sobre los ejes respectivos. Las dos poleas superiores giran sobre un eje común, lo mismo ocurre con las poleas inferiores.

El número de cadenas se puede aumentar de acuerdo a la cantidad de caudal disponible y acorde con la altura; por ejemplo según la figura 1, si se usa sólo una cadena (2), los recipiente son dos, tal como el primer recipiente (1a) y un segundo recipiente (1b), en este caso, el agua ingresa por el segundo recipiente (1b); pero como se muestra en la figura 4, si se utilizan dos cadenas (2a y 2b), los recipientes vendrían a ser tres: el primer recipiente (1a), el segundo recipiente (1b) y el tercer recipiente (1c), los tres alineados e interconectados por una varilla y un tubo, semejante a lo observado en la figura 1; en este caso el tercer recipiente (1c) va ubicado al centro de las dos cadenas y sobre este recipiente ingresa el agua, desde el cual se distribuye hacia los otros dos recipientes que se encuentran al lado derecho e izquierdo del tercer recipiente (1c); los recipientes (1a y 1b) se acoplan de tal manera que se ubiquen lateralmente, uno a cada lado de las cadenas (2a y 2b), siguiendo los mismos mecanismos de acoplamiento que se usa en el caso de una sola cadena, como se muestra en la figura 1.

Reivindicaciones

1. Un sistema de recipientes para generación de energía eléctrica que **comprende** al menos un par de recipientes (1), donde se une un primer recipiente (1a) con un segundo recipiente (1b), por la parte inferior de cada recipiente mediante un tubo (4), y por la parte superior lateral de cada recipiente mediante una varilla (5); la varilla (5) y el tubo (4) se encuentran acoplados a una cadena (2) en su parte central; la cadena (2) envuelve y une una polea superior (3) con una polea inferior (9), ambas poleas se encuentran ubicadas verticalmente una respecto de la otra; la polea superior (3) posee un eje superior (8) y la polea inferior (9), un eje inferior (6); la polea superior (3), mediante su eje superior (8), está conectado a un sistema mecánico amplificador de revoluciones que acciona a un generador de energía eléctrica.

2. Un sistema de recipientes para generación de energía eléctrica según reivindicación 1, **caracterizado porque** el primer recipiente (1a) y el segundo recipiente (1b) se sitúan en parte lateral de la cadena (2), y a una distancia estratégica de ésta, cuyo punto de acople con la cadena (2) es en la parte céntrica de la varilla (5) y del tubo (4).

3. Un sistema de recipientes para generación de energía eléctrica según reivindicación 1, **caracterizado porque** la cadena (2) mantiene una posición vertical que une a una polea superior (3) y a una polea inferior (9), éstas están alineadas y separadas en dirección vertical.

4. Un sistema de recipientes para generación de energía eléctrica según reivindicación 1, **caracterizado porque** la polea superior (3) y la polea inferior (9) están fijas sobre su respectivo eje que giran en un solo sentido, y el eje superior (8) así como el eje inferior (6) de la polea superior (3) y de la polea inferior (9), respectivamente, giran sobre sus respectivos cojinetes que se encuentran en los extremos de los mismos.

5. Un sistema de recipientes para generación de energía eléctrica según reivindicación 1, **caracterizado porque** presenta al menos dos cadenas (2a y 2b) sobre las cuales

se acopla unos recipientes (1a, 1b, 1c), siendo el ingreso del agua por el recipiente (1c) que está ubicado en la zona central respecto a los otros dos recipientes (1a y 1b) y también respecto a las dos cadenas (2a y 2b).

6. Un sistema de recipientes para generación de energía eléctrica según reivindicación 5, **caracterizado porque** cada una de las cadenas (2a y 2b) gira sobre dos poleas, una superior y otra inferior.

7. Un sistema de recipientes para generación de energía eléctrica según reivindicación 6, **caracterizado porque** las dos poleas superiores de ambas cadenas giran sobre un eje común, al igual que las dos poleas inferiores.

8. Un sistema de recipientes para generación de energía eléctrica según reivindicación 1, **caracterizado porque** el centro de gravedad de al menos un par de recipientes (1) coincide con los puntos tangenciales en los que concurren la cadena (2) y la polea superior (3) y, también la polea inferior (9).

Resumen

Se sabe que la tecnología que permite producir la hidroenergía, generalmente, lo constituyen los diversos tipos de turbinas; sin embargo, éstas operan a alturas y con caudales determinados, es decir, tienen un límite. Para superar estos inconvenientes, se han ideado otras formas de aprovechar la energía potencial del agua; entre estas formas tenemos las máquinas que permiten aprovechar energía potencial del agua mediante el uso de dos poleas unidas, ya sea por cables, fajas o cadenas sin fin, en los tres casos, con cubos o recipientes acoplados sobre las fajas, cables o cadenas. El inconveniente es que el periodo de durabilidad de los accesorios mecánicos mencionados, es corto, principalmente, porque el agua está en permanente contacto con estos elementos mecánicos, sobre todo con las poleas y las fajas, cables y cadenas, según sea el caso.

Ante esta situación se hizo una innovación tecnológica, que se refiere al uso de poleas con una cadena, sobre la cual van acoplados al menos un par de recipientes a cada lado de la cadena; es decir, un par cargado con agua y el otro, vacío. Cada recipiente se encuentra ubicado a una distancia de la parte lateral de la cadena, de tal manera que en el momento que se produce la carga y descarga del agua, ésta no hace contacto, ni con las poleas, ni con la cadena, propiciando, así, la posibilidad de lubricar la cadena y las poleas, lo que implica que los accesorios en referencia tengan un periodo de vida útil más prolongado.

En el caso de que se disponga de grandes caudales, es posible acoplar una segunda cadena, y con ello, se puede acoplar tres recipientes, este hecho permite acumular mayor cantidad de agua, por cada unidad de tiempo y de distancia, lo que implica el incremento de la potencia mecánica.

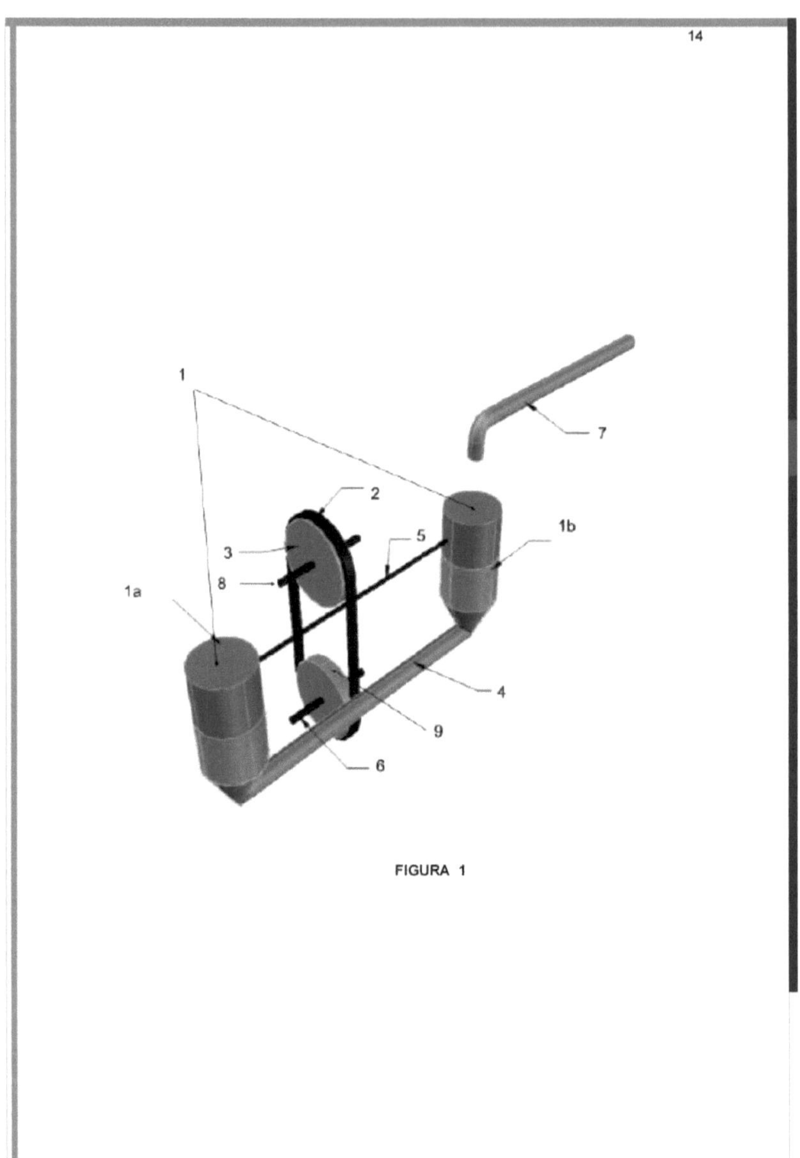

FIGURA 1

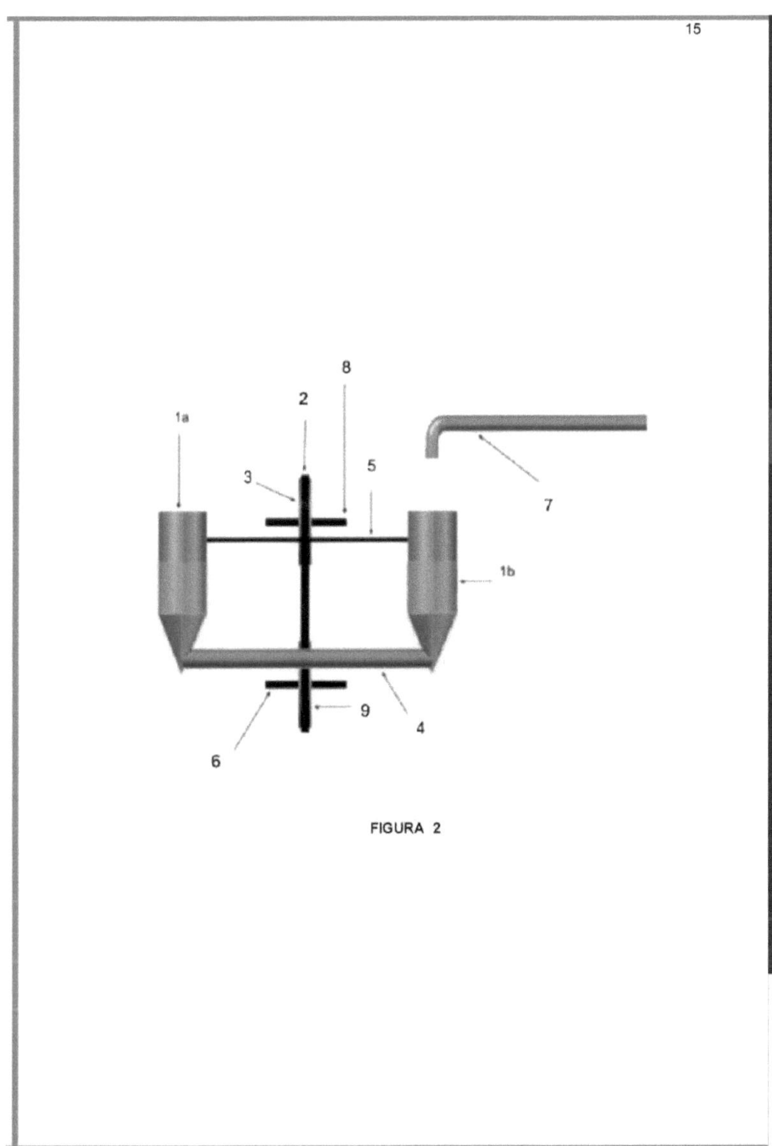

FIGURA 2

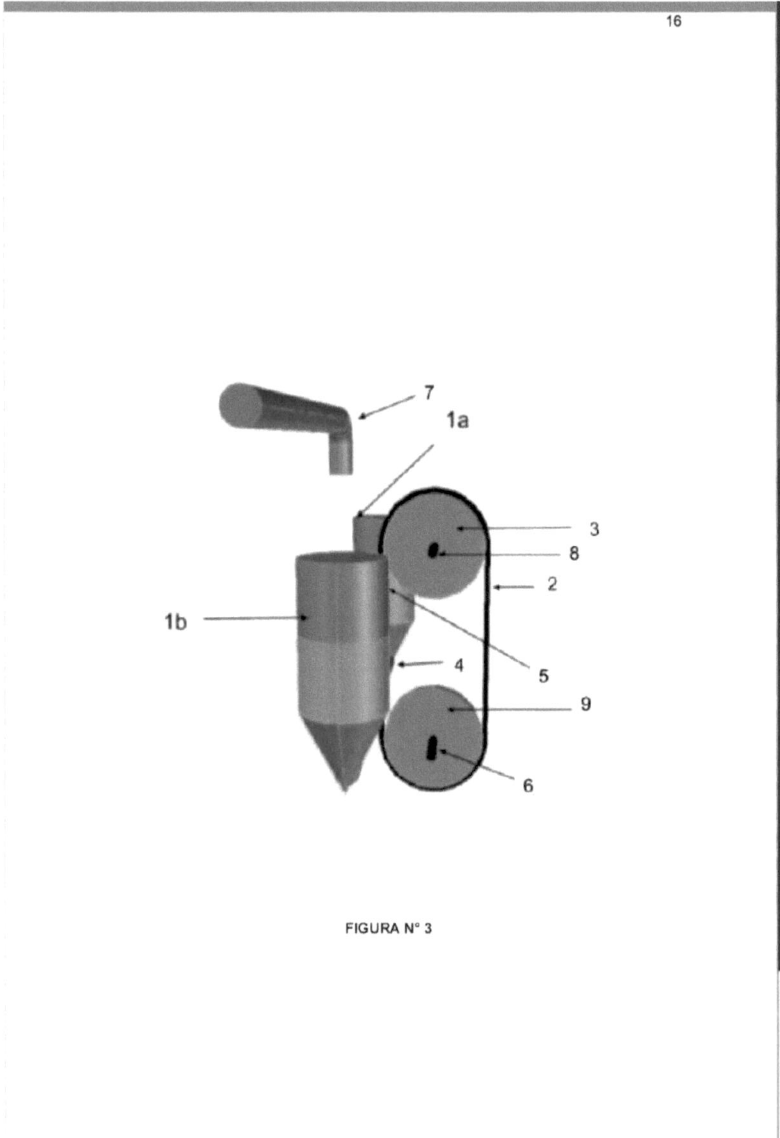

FIGURA N° 3

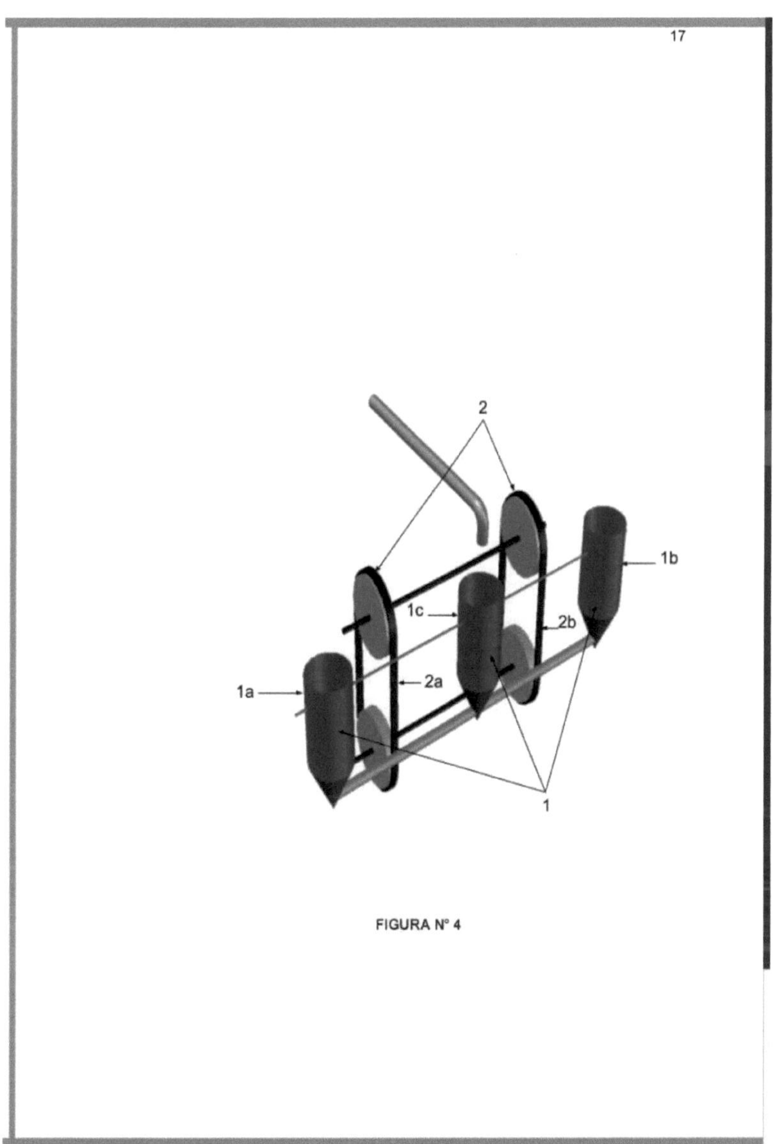

FIGURA N° 4

ANEXO N° 2

Universidad Nacional Mayor de San Marcos
Universidad del Perú. Decana de América

Vicerrectorado de Investigación y Posgrado

CESIÓN DE DERECHOS

Conste mediante la presente que el señor Agustín Esmaro Guevara Ruíz, identificado con DNI N° 40435591, inventor del **"Sistema de recipientes para generación de energía eléctrica"**, cede los derechos sobre dicha invención a la Universidad Nacional Mayor de San Marcos, identificada con RUC N° 20148092282.

Se cumple con legalizar la firma del inventor ante Notario Público.

Agustín Esmaro Guevara Ruíz
DNI N° 40435591

MANUEL GALVEZ SUCCAR NOTARIA Av. Oscar R. Benavides 517 Callao

CERTIFICO: la autenticidad de la firma que antecede de: Agustín Esmaro Guevara Ruiz con DNI No. 40435591 que legalizo Callao, 12 OCT. 2018 de

Manuel Gálvez Succar
ABOGADO NOTARIO

EL NOTARIO NO ASUME RESPONSABILIDAD SOBRE EL CONTENIDO DEL DOCUMENTO (ART. 108 DEL D.L. 1049)

DOCUMENTO NO REDACTADO EN ESTA NOTARIA

Av. Germán Amézaga s/n – Ciudad Universitaria
Biblioteca Central UNMSM 4° Piso

Central Telefónica 619-7000. Fax 7577
E-mail: dp.vrip@unmsm.edu.pe

ANEXO N° 3

SOLICITUD DE REGISTRO DE PATENTE

Indecopi Folios Copias

Indecopi
INSTITUTO NACIONAL DE DEFENSA DE LA COMPETENCIA Y DE LA PROTECCIÓN DE LA PROPIEDAD INTELECTUAL

DIRECCIÓN DE INVENCIONES Y NUEVAS TECNOLOGÍAS

(21) 144209

2018 OCT 17 PM 4 54

RECIBIDO

(22) 002013-2018/DIN

A la Dirección de Invenciones y Nuevas Tecnologías se solicita el registro de la concesión, conforme a las siguientes especificaciones, de:

(12) **Patente de Invención** ☐ **Modelo de Utilidad** ☒

(71) **Solicitante (s), domicilio (s), y país (es)**

UNIVERSIDAD NACIONAL MAYOR DE SAN MARCOS
Calle Germán Amézaga N°375 – Edificio Jorge Basadre, Ciudad Universitaria, Lima 1

Teléfono (s) 619 7000 anexo 7577 **Telefacsímil (es)**

(72) **Inventor (es), domicilio (s) y nacionalidad (es)**

AGUSTÍN ESMARO GUEVARA RUÍZ
Jr. Diana Mz. B Lt. 8, Surco, Lima
Peruano

(74) **Representante / Apoderado y domicilio**

FELIPE ANTONIO SAN MARTÍN HOWARD
Calle Germán Amézaga N°375 – Edificio Jorge Basadre, Ciudad Universitaria, Lima 1

N° Agente **Poder N°** **Anexo a:**

Teléfono (s) 619 7000 anexo 7577 **Telefacsímil (es)**

(54) **Título de la invención**

SISTEMA DE RECIPIENTES PARA GENERACION DE ENERGIA ELECTRICA

(51) **Clasificación internacional sugerida (CIP[7]) F03B9/00**

(30) **Reivindica prioridad** **Sí** ☐ **No** ☒

(31) **Número (s)** **(32) Fecha (s)** **(33) País (es)**

INSTITUTO NACIONAL DE DEFENSA DE LA COMPETENCIA Y DE LA PROTECCIÓN DE LA PROPIEDAD INTELECTUAL
DIRECCIÓN DE INVENCIONES Y NUEVAS TECNOLOGÍAS
Calle De la Prosa 104, San Borja, Lima 41 - Perú Telf: 224-7800 Anexos 3805, 3806, 3801 o 3811
Web: www.indecopi.gob.pe

F-DIN-01/01

DECLARACIÓN SOBRE UTILIZACIÓN DE RECURSO GENÉTICOS Y/O CONOCIMIENTOS TRADICIONALES:

1. Declaro que mi invención fue obtenida o desarrollada a partir de recursos genéticos o de sus productos derivados de Países Miembros de la Comunidad Andina.

☐ SI. Indique el lugar de colecta o extracción: ____________________

☑ NO

2. Declaro que mi invención fue obtenida o desarrollada a partir de conocimientos tradicionales de las comunidades indígenas, afroamericanas o locales de Países Miembros de la Comunidad Andina.

☐ SI. Indique el lugar de colecta o extracción ____________________

☑ NO

RECAUDOS ANEXOS:	**Fecha: 15 de octubre de 2018**
☒ Descripción: _____ hojas (_____ ejemplares) ☒ Reivindicaciones: _____ hojas (_____ ejemplares) ☒ Resumen (_____ ejemplares) ☒ Dibujos o Planos: - numerados de N° ______ a N° _____ (____ ejemplares) - se sugiere dibujo N° ___ para la publicación ☒ Poder o documento de personería ☐ Documento(s) de prioridad ☐ Certificado de exhibición ☒ Comprobante de pago de tasa ☐ Informe(s) de búsqueda o de patentabilidad extranjero(s) ☐ Reducciones del plano o dibujo principal ☒ Documento de cesión ☒ Otros, especificar: PATENTA – MODALIDAD CENTROS ACADÉMICOS Y DE INVESTIGACIÓN	**Firma** **Felipe Antonio San Martín Howard**

En cumplimiento de lo dispuesto por la Ley N° 29733, Ley de Protección de Datos Personales, le informamos que los datos personales que usted nos proporcione serán utilizados y/o tratados por el Indecopi (por sí mismo o a través de terceros), estricta y únicamente para administrar el sistema de promoción, registro y protección de derechos de propiedad intelectual (signos distintivos, invenciones y nuevas tecnologías, y derecho de autor) en sede administrativa, así como, de ser el caso, para las actividades vinculadas con el registro de usuarios del sistema de patentes, pudiendo ser incorporados en un banco de datos personales de titularidad del Indecopi.
Se informa que el Indecopi podría compartir y/o usar y/o almacenar y/o transferir su información a terceras personas, estrictamente con el objetivo de realizar las actividades antes mencionadas.
Usted podrá ejercer, cuando corresponda, sus derechos de información, acceso, rectificación, cancelación y oposición de sus datos personales en cualquier momento, a través de las mesas de partes de las oficinas del Indecopi.

ANEXO N° 4

Feria de Inventos y Diseños Industriales

EXPO PATENTA

Ven a conocer

LA CREATIVIDAD DE LOS INVENTORES PERUANOS

Indecopi

Patenta

Programa Nacional de Patentes del Indecopi

EL PERÚ PRIMERO

Se otorga el presente Diploma a:

AGUSTÍN ESMARO GUEVARA RUÍZ

Por el invento denominado

SISTEMA DE RECIPIENTES PARA GENERACIÓN DE ENERGÍA ELÉCTRICA

el cual participó en el XVII Concurso Nacional de Invenciones y Diseños Industriales realizado del 22 al 25 de noviembre del 2018 por el Instituto Nacional de Defensa de la Competencia y de la Protección de la Propiedad Intelectual – INDECOPI.

Firmado digitalmente por:
CASTRO CALDERON Manuel Javier FAU
20133840533 hard
Fecha: 10/12/2018 14:59:39-0500

Manuel Castro Calderón
Director
Dirección de Invenciones y Nuevas Tecnologías
INDECOPI

ANEXO N° 5

INSTITUTO NACIONAL DE DEFENSA DE LA COMPETENCIA Y DE LA PROTECCIÓN DE LA PROPIEDAD INTELECTUAL
Calle de la Prosa Nº 104 – San Borja

DIRECCION DE INVENCIONES Y NUEVAS TECNOLOGÍAS

Examen de patentabilidad	
JDB	008-2020

Expediente:	002013-2018/DIN	Fecha de ingreso:	2018-10-17
		Fecha de presentación:	2018-10-17

Solicitud internacional PCT	N°	
	Fecha:	

Solicitante(s):	UNIVERSIDAD NACIONAL MAYOR DE SAN MARCOS

Prioridad(es)	Fecha(s) de prioridad(es)
No reivindica	

Modalidad de protección	Patente de Invención (Decisión 486 / Art. 45)	
	Modelo de Utilidad (Decisión 486 / Art. 45 concordante con Art. 85)	X
Título:	«Sistema de recipientes para generación de energía eléctrica»	

Referencia(s):	

Opositor(es):	

1. Textos a analizar	Originalmente presentado	Modificaciones	Fecha	Ampliación[1] (Decisión 486 / Art. 34)	
				SI	NO
Memoria descriptiva	X				
Figura(s)	X				
Reivindicación(es)	1 a 8				
Resumen	X				
Listado de secuencias					
Otros[2]					

[1] En caso de que las modificaciones realizadas impliquen una ampliación de lo originalmente presentado, esta nueva documentación modificada no será tomada en cuenta y toda opinión final emitida se realizará en función a la documentación original.
* Constituye una ampliación parcial.
[2] e.i. argumentos, resultados de ensayos, cuadros comparativos, etc.

1/4

Oposición					
Respuesta a oposición					

	Si	No
2. **No invenciones y excepciones a la patentabilidad** (Decisión 486 / Art. 15, 20 y/o 82[3])		1 a 8
3. **Usos** (Decisión 486 / Art. 14[4] y 21)		1 a 8
4. **Unidad de invención**[5] (Decisión 486 / Art. 25)	1 a 8	

5. **Requisitos a evaluar**	Cumple	No cumple
5.1 Para solicitud fraccionaria		
No amplía divulgación de la solicitud inicial (Decisión 486/art. 36)		
Reivindicaciones: No genera doble protección de la solicitud inicial (D.L. 1075/art. 29)		
5.2 Suficiencia, claridad, concisión y soporte		
Memoria descriptiva (Decisión 486/art. 28)	X	
Reivindicaciones (Decisión 486/art. 30)	1 a 8	
5.3 Novedad (Decisión 486/art. 16)		
5.4 Nivel inventivo (Decisión 486/art. 18)		
5.5 Aplicación industrial (Decisión 486/art. 19)		
5.6 Para modelos de utilidad (Decisión 486/art. 81[3])	1 a 8	

[3] En los casos de patentes de Modelo de Utilidad.

[4] Interpretación por el Tribunal de Justicia de la Comunidad Andina que, a la luz del Proceso Nº 89-A-2000 considera patentables los productos o los procedimientos, mas no los usos.

[5] En caso de que se encuentre más de un concepto inventivo en la presente solicitud y se identifique más de un grupo de reivindicaciones relacionadas con dichos conceptos inventivos, se procederá con el análisis respecto al primer grupo encontrado.

2/4

6	**Análisis y opinión escrita acerca de los requerimientos considerados en los numerales anteriores**

6.1 Cita(s) y documentación consideradas para la emisión del examen:

Antecedente(s) relevante(s) del estado de la técnica:

D1= US 2005/0052028 publicado el 2005-03-10
(Chiang Kud-Chu)
«Sistema de generación de energía hidráulica basado en bombeo por peso de agua»

6.2 Formulación de opinión y argumentos respecto al (a los) punto(s):

Respecto del numeral 5.6 (Para modelos de utilidad)

Novedad y ventaja técnica

La **reivindicación 1** referida a un sistema de recipientes para generación de energía eléctrica se diferencia del documento D1 en que comprende:

- al menos un par de recipientes (1), donde se une un primer recipiente (1a) con un segundo recipiente (1b) por la parte inferior de cada recipiente mediante un tubo (4), y por la parte superior lateral de cada recipiente mediante una varilla (5), y donde la varilla (5) y el tubo (4) se encuentran acoplados a una cadena (2) en su parte central;

mientras que el sistema de generación de energía hidráulica descrito en D1, comprende unas cubetas de accionamiento (11-23) individuales unidas a un eje de transmisión (25) por medio de solo unos ejes de cubeta (19) individuales **(ver *resumen, párrafos [0018] y [0020] y figura 1 de D1*)**; por lo tanto, la **reivindicación 1 tiene novedad.**

Comparación gráfica

Reivindicación 1	Documento D1
Figura 1	**Figura 1**

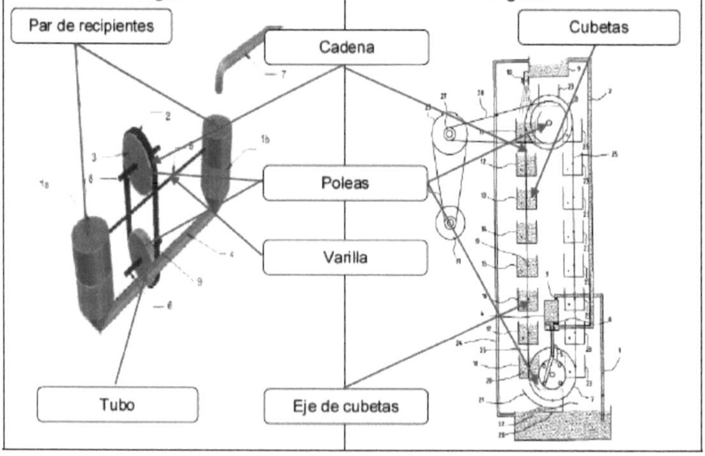

Par de recipientes
Cadena
Cubetas
Poleas
Varilla
Tubo
Eje de cubetas

Ventaja técnica
La varilla (5) y el tubo (4) permiten que al menos un par de recipientes (1) del sistema de recipientes para generación de energía eléctrica de la invención sean dispuestos lateralmente en relación a la cadena (2), evitando que el agua no haga contacto con la cadena (2) ni con las poleas (3, 9), tal como se menciona en el penúltimo párrafo de la tercera página y el tercer párrafo de la cuarta página de la memoria descriptiva; por lo que, la **reivindicación 1 tiene ventaja técnica.** Por lo tanto, la **reivindicación 1 cumple** con los requisitos establecidos en el **artículo 81** de la Decisión 486 de la Comunidad Andina. Las **reivindicaciones 2 a 8**, al ser dependientes de la reivindicación 1, **también cumplen** con los requisitos establecidos en el **artículo 81** de la Decisión 486 de la Comunidad Andina.

7.Conclusión(es)	**Fecha de emisión: 2020-03-26**
En base a la Decisión 486 de la Comisión de la Comunidad Andina: Las reivindicaciones 1 a 8 cumplen con los requisitos establecidos en el artículo 81 de la Decisión 486 de la Comunidad Andina.	**Elaborado por:** Jesús Grabiel Diestra Balta Examinador de Patentes CIP 175429

Revisado por:

Indecopi Firma Digital

Firmado digitalmente por CRUZ TAPIA Nelson Alexander Martin FAU 20133840533 soft
Motivo: Soy el autor del documento
Fecha: 07.06.2020 09:38:05 -05:00

NELSON ALEXANDER CRUZ TAPIA
Especialista 2
Dirección de Invenciones y
Nuevas Tecnologías
INDECOPI

ANEXO N° 6

INSTITUTO NACIONAL DE DEFENSA DE LA COMPETENCIA Y DE LA PROTECCIÓN DE LA PROPIEDAD INTELECTUAL
Calle de la Prosa N° 104 – San Borja

DIRECCIÓN DE INVENCIONES Y NUEVAS TECNOLOGÍAS

Reporte de búsqueda JDB 008-2020	**Expediente n.°** 002013-2018/DIN
Fecha de ingreso: 2018-10-17	**Fecha de presentación:** 2018-10-17
C.I.P. (8) : F03B 1/02; F03B 7/00	**Fecha de prioridad:** No reivindica

Términos de búsqueda empleados:

Sistema; recipientes; energía; hidráulica; laterales; eje; cadenas; agua.

F03B 1/02; F03B 7/00

Documentos considerados relevantes

Categoría	Cita del documento, indicando las partes pertinentes y la fecha de publicación	Reivindicaciones afectadas
A	US 2005/0052028 publicado el 2005-03-10 (Chiang Kud-Chu) Ver resumen, párrafos [0018] y [0020] y figura 1. https://worldwide.espacenet.com/patent/search/family/034076560/publication/US2005052028A1?q=pn%3DUS2005052028A1	1 a 8

Categoría de documentos citados:

X: Particularmente relevante por sí solo.
A: Estado de la técnica general, no particularmente relevante.
O: Divulgación oral.
E: Solicitud presentada antes pero publicada después de la fecha de presentación de la solicitud examinada (sólo con X)
D: Citado en la solicitud.
L: Citado por otras razones.
P: Anterior a la fecha de presentación pero posterior a la fecha de prioridad.
T: Teoría o principio en el que se basa la invención
&: Documento miembro de la misma familia de patentes.

Examinador : **Ing. Jesús Grabiel Diestra Balta**

ANEXO N° 7

DIRECCIÓN DE INVENCIONES Y NUEVAS TECNOLOGÍAS

EXPEDIENTE N° 002013-2018/DIN

RESOLUCIÓN N° 001313-2020/DIN-INDECOPI

Lima, 05 de noviembre de 2020

Patente de modelo de utilidad: Concedida

Mediante expediente N° 002013-2018/DIN, iniciado el 17 de octubre de 2018, UNIVERSIDAD NACIONAL MAYOR DE SAN MARCOS de Perú, solicita patente de modelo de utilidad para "SISTEMA DE RECIPIENTES PARA GENERACIÓN DE ENERGÍA ELÉCTRICA", C.I.P.8 F03B 1/02; F03B 7/00, cuyo inventor es Agustín Esmaro GUEVARA RUÍZ.

1. **EXAMEN DE PATENTABILIDAD**

El modelo de utilidad solicitado reúne los requisitos establecidos en la Decisión 486 de la Comisión de la Comunidad Andina que aprueba el Régimen Común sobre Propiedad Industrial, conforme aparece en el examen de patentabilidad que corre de fojas 37 a 39 del expediente.

La presente Resolución se emite en aplicación de la norma legal antes mencionada y en uso de las facultades conferidas por los artículos 37 y 40 de la Ley de Organización y Funciones del Instituto Nacional de Defensa de la Competencia y de la Protección de la Propiedad Intelectual (Indecopi) sancionada por Decreto Legislativo N° 1033, concordado con el artículo 4 del Decreto Legislativo 1075 que aprueba las disposiciones complementarias a la Decisión 486 de la Comisión de la Comunidad Andina.

2. **RESOLUCIÓN DE LA DIRECCIÓN DE INVENCIONES Y NUEVAS TECNOLOGÍAS**

OTORGAR patente de modelo de utilidad para "SISTEMA DE RECIPIENTES PARA GENERACIÓN DE ENERGÍA ELÉCTRICA", C.I.P.8 F03B 1/02; F03B 7/00, a favor de UNIVERSIDAD NACIONAL MAYOR DE SAN MARCOS de Perú, por un plazo de diez (10) años, contados desde el 17 de octubre de 2018, fecha de presentación de la solicitud, aprobándose las 8 reivindicaciones que corren a fojas 13 y 14 del expediente.

Regístrese y Comuníquese

MANUEL CASTRO CALDERÓN
Director de Invenciones y
Nuevas Tecnologías
INDECOPI

DIRECCIÓN DE INVENCIONES Y NUEVAS TECNOLOGÍAS - INDECOPI

JMS/jsa

INSTITUTO NACIONAL DE DEFENSA DE LA COMPETENCIA Y DE LA PROTECCIÓN DE LA PROPIEDAD INTELECTUAL
Calle De la Prosa 104, San Borja, Lima 41 - Perú Telf. 224 7800 / Fax: 224 0348
E-mail: postmaster@indecopi.gob.pe / Web: www.indecopi.gob.pe

M-DIN-15/01

ANEXO N° 8

INFORME

A : UNIVERSIDAD NACIONAL MAYOR DE SAN MARCOS.

DE : JOSE LUIS FABIAN CHALE.
Consultor en Propiedad Industrial.

ASUNTO : Consultoría preliminar del Proyecto: "Sistema mecánico para generación de energía eléctrica a pequeña escala por propulsión gravitatoria"; presentado por Agustín Esmaro Guevara Ruíz.

---

1. **DESCRIPCIÓN.-**

El proyecto se refiere a un sistema mecánico para generación de energía eléctrica a pequeña escala por propulsión gravitatoria que comprende un alimentador de agua dispuesto en la parte superior, dos poleas alineadas en dirección vertical, una superior y otra inferior, entre las cuales se coloca una cuerda o cable; sobre la cuerda se acoplan cubos o baldes dispuestos separadamente en forma uniforme con sus bocas orientadas en una misma dirección; sobre un lado los baldes están con la boca hacia arriba y en el otro lado se encuentran con la boca hacia abajo; durante su funcionamiento el balde dispuesto en la parte superior con la boca arriba es llenado con agua y debido al peso del agua el balde se desplaza hacia la parte inferior donde al cambiar de dirección descarga el agua y luego es elevado hacia la parte superior; un dinamo o generador se acopla a una de las poleas para generar energía eléctrica o para cargar baterías.

2. **ANTECEDENTES ENCONTRADOS**:

El antecedente más cercano encontrado es el siguiente:

D1 = Publicación del VIII Concurso de Inventores nacionales, INDECOPI 2004-11-04; Mini hidroeléctrica, presentado por Agustín Esmaro Guevara Ruíz (Ver anexo adjunto).

3. **NOVEDAD Y PATENTABILIDAD**

El proyecto propuesto es anticipado por el documento D1. Por lo tanto, NO sería factible su patentamiento.

JOSE LUIS FABIAN CHALE.
Consultor en Propiedad Industrial.

1

ANEXO N° 9

GLOSARIO

INDECOPI: El Instituto Nacional de Defensa de la Competencia y de la Protección de la Propiedad Intelectual (INDECOPI), es un organismo público especializado adscrito a la Presidencia del Consejo de Ministros. Inició sus actividades en noviembre de 1992, mediante Decreto Ley N°25868. Tiene como funciones la promoción del mercado y la protección de los derechos de los consumidores. Asimismo, fomenta en la economía peruana una cultura de leal y libre competencia, resguardando todas las formas de propiedad intelectual: desde los signos distintivos y derechos de autor, hasta las patentes y biotecnología. Como resultado de su labor en la promoción de las normas de leal y libre competencia entre los agentes de la economía peruana, el INDECOPI es concebido como una entidad de servicios que impulsa el desarrollo de una cultura de calidad, para lograr la plena satisfacción de la ciudadanía, los empresarios y el Estado (Indecopi, 2020, s. p.)

Invención: Es toda nueva solución técnica a un problema técnico en cualquier campo de la tecnología (UNMSM, 2018, p.04)

Inventor: Es la persona natural que ha generado una creación útil y novedosa d de aplicación industrial (UNMSM, 2018, p.04)

Patente de modelo de utilidad: Es toda nueva forma, configuración o disposición de elementos, de algún artefacto, herramienta, mecanismo u otro objeto, o de alguna parte del mismo, que permita un mejor o diferente funcionamiento, utilización o fabricación del objeto que le incorpore, o le proporcione alguna utilidad, ventaja o efecto técnico que antes no tenía (UNMSM, 2018, p.05)

***Tecnología**:* Es todo sistema de técnicas prácticas fundadas, o estudio de las mismas, distinguiéndola así de la técnica a secas o de la técnica precientífica (Bunge, 2012, p. 51)

Tecnólogo: El tecnólogo aplica el método científico a problemas de interés práctico (Bunge, 2012, p. 51*)*

ACTA DE SUSTENTACIÓN

Escuela Académico Profesional de Filosofía

ACTA DE SUSTENTACIÓN DE TESIS

PARA OBTENER EL TÍTULO PROFESIONAL DE LICENCIADO EN FILOSOFÍA

Reunido el Jurado en sesión virtual, el día miércoles 25 de noviembre de 2020 a las diez horas, integrado por el Mg. Dante Dávila Morey (Presidente), Dr. Luis Adolfo Piscoya Hermoza (Asesor), Lic. Aníbal Campos Rodrigo (Informante) y Mg. Herminio Paucar Curasma (Informante) para calificar la sustentación de la tesis titulada **LA TELEOLOGÍA DE LOS EXPERIMENTOS CIENTÍFICOS: EL CASO DE LA CAÍDA LIBRE DE LOS CUERPOS**, presentada por el bachiller Agustín Esmaro Guevara Ruiz, para optar el título de Licenciado en Filosofía.

Después de la exposición del tesista, la lectura de sus conclusiones y absueltas las preguntas formuladas por el Jurado, este se retiró a deliberar y acordó la siguiente calificación de acuerdo a lo establecido por el Reglamento General de Estudios de Pregrado:

Sobresaliente con mención (20)

Habiendo sido aprobada la sustentación de la tesis, el Jurado recomendó que la Facultad proponga que se le otorgue el título de Licenciado en Filosofía al bachiller Agustín Esmaro Guevara Ruiz.

Concluido el acto académico a las 12:30 horas, firman la presente acta.

Mg. Dante Dávila Morey
Presidente

Lic. Aníbal Campos Rodrigo
Jurado Informante

Mg. Herminio Paucar Curasma
Jurado Informante

Dr. Luis Adolfo Piscoya Hermoza
Jurado Asesor

Letras mayúsculas del Perú y América
Facultad de Letras y Ciencias Humanas / Universidad Nacional Mayor de San Marcos
Calle Germán Amezaga n.° 375, Lima 1 - Perú. Ciudad universitaria (puerta 3)
Teléfonos: (051) (01) 452 4641 / (051) (01) 619 7000 - www.letras.unmsm.edu.pe

Printed by Books on Demand GmbH, Norderstedt / Germany